Atlas of Macrofungal Resources in the
Dabie Mountains

大别山大型真菌
资源图鉴

郜晓峰　苏亚蕊　鲁 铁　主编

中国经济出版社
CHINA ECONOMIC PUBLISHING HOUSE
·北 京·

图书在版编目（CIP）数据

大别山大型真菌资源图鉴 / 郜晓峰等主编. -- 北京 ：中国经济出版社，2025. 4. -- ISBN 978-7-5136-8123-0

Ⅰ. S567.324

中国国家版本馆 CIP 数据核字第 2025BE7052 号

责任编辑　丁　楠　马伊宁
责任印制　李　伟
封面设计　任燕飞

出版发行　中国经济出版社
印 刷 者　河北宝昌佳彩印刷有限公司
经 销 者　各地新华书店
开　　本　787mm×1092mm　1/16
印　　张　22
字　　数　300 千字
版　　次　2025 年 4 月第 1 版
印　　次　2025 年 4 月第 1 次
定　　价　298.00 元
广告经营许可证　京西工商广字第 8179 号

中国经济出版社　**网址** http://epc.sinopec.com/epc/　**社址** 北京市东城区安定门外大街 58 号　**邮编** 100011
本版图书如存在印装质量问题，请与本社销售中心联系调换（联系电话：010-57512564）

编委会

推荐序一

巍巍大别山，横亘鄂豫皖三省交界，作为我国东部重要的生态屏障和生物多样性宝库，其独特的自然地理环境孕育了丰富的大型真菌资源。在这片北亚热带向暖温带过渡的山地生态系统中，云雾缭绕的原始森林、星罗棋布的溪涧湿地、形态各异的微生境，共同构成了大型真菌生长的理想环境。那些悄然生长于枯木腐叶间的菌菇，不仅是自然生态系统不可或缺的成员，更是生物多样性研究的重要窗口。

大型真菌作为森林生态系统中的“清道夫”与“建筑师”，在物质循环和能量流动中扮演着不可替代的角色。它们既能分解木质纤维素促进碳氮循环，又能与植物形成菌根共生关系，维系着森林生态网络的稳定。大别山特殊的地理位置和复杂的地形地貌，使得这里的真菌区系既具有南北过渡的典型特征，又保留着独特的区域特性。其中不乏具有重要经济价值的食用菌、药用菌，以及具有科研价值的珍稀种类。然而，受限于研究基础薄弱和调查手段滞后，这片土地的真菌多样性仍如雾中观花，亟待系统性的科学梳理。

编撰《大别山大型真菌资源图鉴》的初衷，源于对自然遗产的敬畏和对科学认知的渴求。在生态文明建设上升为国家战略的今天，系统厘清区域生物多样性本底，不仅关乎生态保护的科学决策，更是践行“绿水青山就是金山银山”理念的重要实践。本书的编撰团队历时 4 年，踏遍大别山三大主峰、十余个自然保护区，是充满挑战的科学探险。科研人员采用传统形态分类与分子系统学相结合的现代研究方法，对采集的标本进行系统鉴定，最终精选出具有代表性的 324 种真菌和 3 种粘菌编入本书。每一帧照片的拍摄、每个物种描述都经过文献考证与复核，力求在科学严谨性与艺术表现力之间找到最佳平衡。主体部分按分类系统排列，每个物种除提供高清生态照片，还详细标注中文名、拉丁学名、形态特征、生境时期及用途，使本书既可作为科研工作者的工具书，又能成为自然教育爱好者的启蒙读物。

《大别山大型真菌资源图鉴》的出版不是终点，而是新的起点。随着分子生物学技术的发展，更多隐型物种将被发现；随着生态监测网络的完善，真菌与环境的互作机制将更加清晰。我们期待本书能成为撬动区域真菌研究的杠杆，激发更多科研工作者探索未知领域的热情。当读者翻阅这些精美的图页时，不仅能感受到自然造化的神奇，更能领悟到每个生命体在生态网络中的独特价值。

是为序。

赵瑞琳　中国科学院微生物研究所研究员

2025 年 2 月于北京

推荐序二

在浩瀚的自然界中，大型真菌以其独特的形态、丰富的色彩和多样的生态角色，构成了地球上一个既神秘又迷人的生物类群。自古以来，人类对大型真菌的探索从未停歇，从最初的食用尝试到药用价值的挖掘，再到现代科学对其生态功能的深入研究，每一步都见证了人类智慧与自然奥秘的碰撞与融合。4 年前我和课题组部晓峰老师谈过，大别山地处鄂豫皖三省交界处，是长江—淮河的天然分水岭，大型真菌分类研究大有可为。欣喜的是经过多年积累，他拿出了这本书。

《大别山大型真菌资源图鉴》共收录了 324 种真菌和 3 种粘菌，图文并茂，文字精炼，每一章节都经过精心设计和反复校对，力求在保持学术严谨性的同时，兼顾可读性和趣味性。相信本书的出版，对于大别山大型真菌资源多样性保护，大型真菌资源可持续开发，大型真菌资源鉴定、教学及科研工作有重要指导意义。

最后要感谢为本书付出辛勤努力的人们。是你们的智慧和汗水，让这本书得以问世。我相信，这本书将成为你们成长道路上的一盏明灯，照亮前行的道路。

康文艺　中国菌物学会食用菌采后与加工产业分会副会长

中国营养学会营养与保健食品分会常务委员

2025 年 1 月于河南大学

前言

大型真菌是指具有显著子实体、肉眼可见的一类真菌，多数属于担子菌门，少数属于子囊菌门、粘菌门。其广泛分布于自然界，通过病害、腐朽、互利共生等现象作用于生态系统，参与生态系统的物质转化和能量流动，维持生态系统的结构与功能，且很多种类具有食用和药用价值。近年来，人类的过度活动已严重威胁到了生物多样性，我国既是生物多样性很丰富的国家之一，也是生物多样性受到严重威胁的国家之一。任何物种都不能孤立存在，都必须与其他物种共存或相互依赖于自然环境中，而大型真菌正是多样化生态系统中的重要组成部分。不少中外学者对重要的自然保护区以及世界地质公园等进行了大型真菌生态系统多样性的研究。

我国大型真菌资源多样性的研究工作具有明显的地域性，研究热点集中在西南地区和东北地区，尚有很多空白。与植物地理学研究相比，菌物地理学研究起步较晚，且进展缓慢，还未形成系统的学科理论体系。目前，人们对大型真菌形态学研究多是基于物种的个体性状描述，不同的研究者所侧重的性状不同，得到的结论往往不够完善，且物种性状很难剔除生态环境等因素的影响，故仅依据形态特征的分类学研究不能满足人们对物种的准确认识。同时，区域代表性物种形态特征变异较大，部分类群的种间差异不明显，这给种类的区分带来较大困难，尤其是对一些复合类群，单纯依靠形态学很难将其隐存种区分出来。因此，区域代表性物种分子系统学以及生态适应性特征将成为更深入理解地区区系生态系统关系以及物种利用的重要研究基础。

大别山位于北纬 30°10′~32°30′、东经 112°40′~117°10′，地处鄂豫皖三省交界处，是长江—淮河的天然分水岭，属于北亚热带温暖湿润季风气候区，具有典型的山地气候。虽有大别山森林生态系统大型真菌资源的记载，但尚未见系统性研究，尤其是基于现代分子生物学种属鉴定的系统性研究。已见文献多对大型真菌中的子囊菌分类有较广泛与深入的调查，但担子菌作为大型真菌的重要组成部分，未见较为详细、科学的文献报道，因此，本书对此地区的大型真菌资源多样性的研究可填补此类的空白。大别山地区是野生食药用真菌分布的重点区域，长期以来，人们对该地区菌物资源种类数量不清楚、对野生大型真菌的种质资源缺乏保护意识和保护措施等，导致一些野生珍稀的大型经济真菌面临灭绝的危险。而且，人们对大别山地区缺少野生菌资源信息的了解，很多野生经济真菌不能够为人们所利用，很多食药用菌不能构成地方经济的重要推动力，未得到有效的开发。

大型真菌资源在生态系统中扮演着重要的角色，许多大型真菌与陆生植物的菌根形成奇特的共生关系。例如，在真菌的帮助下，植物根系从真菌构建的庞大菌丝网络中获取营养与水分；小菇属真菌可作为萌发菌促进天麻种子的萌发。尽管大型真菌与人类的生活密切相关，近年来由于环境污染、气候变化等诸多因素，大型真菌资源的多样性遭到严重破坏。因此，大型真菌物种多样性的开发利用与保护工作已成为当前亟待解决的问题。

本书共收录 324 种真菌和 3 种粘菌。团队开展了全面深入的真菌类资源调查研究工作，对分布于大别山森林生态系统的大型真菌进行生物多样性、分子系统学以及生态适应性特征等研究，从而掌握大别山森林生态系统大型真菌资源多样性信息，以及野生大型真菌的分布规律，分析大型真菌区系与植被类型的相互关系，同时通过对珍稀物种的优先保育评价，制定物种濒危等级和优先保护评价指标，对该地区大型真菌资源现存和面临的生态问题作出较为客观的评价，为今后大别山森林生态系统大型真菌资源保护和合理利用提供科学依据。

在筹备编写过程中，中国菌物学会食用菌采后与加工产业分会副会长康文艺教授在百忙中抽出宝贵时间与我交流、为编写大纲的制订和内容编排提出了宝贵的指导建议，在此向他表示由衷的感谢！

本书的出版有幸获得“河南大学一流学科建设经费”和“信阳生态研究院开放基金”的立项资助，在此感谢河南大学农学院、河南大学生命科学学院、河南大学国家食用菌加工技术研发专业中心、河南大别山森林生态系统国家野外科学观测研究站、河南鸡公山森林生态系统国家定位观测研究站等单位对此书出版工作的大力支持！

感谢和我一起努力的人，大家对大型真菌资源研究充满激情，记得 2023 年 8 月在鸡公山考察过程中，我和鲁铁老师分别带队，我带着的一队李登、王晖（女）、梁利慧（女）、儿子郜苏晨（12 岁）竟然迷了路，虽然爬山涉水、精疲力尽，但采集的标本仍然舍不得扔掉！正是大家坚韧的精神鼓励我完成此书。

最后，编者在编写此书的过程中虽已竭尽全力，但限于时间和水平，如果发现有疏漏和不当之处，请各位不吝赐教，提出宝贵意见。(xiaofenggao1981@163.com)。

郜晓峰

2025 年 1 月于河南大学

目 录

子囊菌门
Ascomycota

担子菌门

Basidiomycota

粘菌门
Myxomycota

子囊菌门

Ascomycota

1	绿杯盘菌 *Chlorociboria aeruginosa* (Oeder) Seaver	柔膜菌目 Helotiales	绿杯菌科 Chlorociboriaceae	绿杯菌属 *Chlorociboria*

形态特征

子实体较小，呈杯状或盘状，并长有小的子实体。其子囊孢子呈绿色或蓝绿色，直径 4~6μm。子囊盘群生，盘状或碗状，直径 3~6mm，子实层表面呈鲜蓝绿色，外部色与子实层表面同色或稍浅，内层色深，往往边缘稍内卷或呈波状，光滑，有中生菌柄，柄长 1~6mm。孢子椭圆形至棱形，(6~81) μm × 52μm。

生境时期

在杨树、栎树、桉树以及针叶树等朽木上。

用途

不明。

2 紫色囊盘菌

Ascocoryne cylichnium (Tul.) Korf

柔膜菌目	胶盘菌科	囊盘菌属
Helotiales	Gelatinodiscaceae	*Ascocoryne*

形态特征

子囊盘宽 5~22mm，盘状至杯状或带柄的酒杯状，胶质。子实层表面呈暗紫褐色至带紫红的灰褐色，光滑。囊盘被外观与子实层表面相似，或稍浅色，有细绒毛。菌柄有或缺。子囊（200~230）μm×（14~16）μm。子囊孢子（18~28）μm×（4~6）μm，纺锤形，光滑，有多个小油滴，成熟时有数个横隔。分生孢子常可成形，近球形，但不成串。

生境时期

多在夏秋季生于腐木上，常常丛生在一起。

用途

不明。

3	黄柄锤舌菌 *Leotia lubrica* (Scop.) Pers.	锤舌菌目 Leotiales	锤舌菌科 Leotiaceae	锤舌菌属 *Leotia*

形态特征

子囊盘直径 8~15mm，帽形至扁半球形。子实层表面近橄榄色，有不规则皱纹。菌柄长 2~5cm，直径 2~4mm，近圆柱形，稍黏，黄色至橙黄色，被同色细小鳞片。子囊（110~130）μm×（9~11）μm，具有 8 个子囊孢子，顶端壁加厚但不为淀粉质。子囊孢子（16~20）μm×（4.5~5.5）μm，长梭形，两侧不对称，表面光滑，无色。

生境时期

在山区林下土层，群生于针阔混交林中地上。

用途

不明。

4	**胶陀螺** *Bulgaria inquinans* (Pers.) Fr.	星裂盘菌目 Phacidiales	星裂盘菌科 Phacidiaceae	胶陀螺属 *Bulgaria*

形态特征

子囊盘较小，黑褐色，似陀螺状又似猪鼻。直径约 4cm，高 2~3cm，质地柔软具弹性。除子实层面光滑，其他部分密布簇生短绒毛。子囊近棒状，内有孢子 4~8 个。

生境时期

夏秋季在桦树、柞木等阔叶树的树皮缝隙成群或成丛生长。

用途

有毒。

5 马鞍菌

Helvella elastica Bull.

盘菌目	马鞍菌科	马鞍菌属
Pezizales	Helvellaceae	*Helvella*

形态特征

子囊果小。菌盖马鞍形，宽2~4cm，蛋壳色至褐色或近黑色，表面平滑或卷曲，边缘与柄分离。菌柄圆柱形，长4~9cm，粗0.6~0.8cm，蛋壳色至灰色。子囊200~280μm×14~21μm，具有8个孢子，单行排列。孢子17（16.5）~22（23）μm×10~14μm，无色，含1大油滴，光滑，有的粗糙，椭圆形。侧丝上端膨大，粗6.3~10μm。

生境时期

常于夏秋季林中地上成群生长。

用途

食用。

6 皱马鞍菌 *Helvella crispa* Bull.

盘菌目	马鞍菌科	马鞍菌属
Pezizales	Helvellaceae	*Helvella*

形态特征

菌盖直径为 2~4cm，初为马鞍形，成熟后常呈不规则瓣片状，白色到淡黄色，有时带灰色，边缘与柄不相连。子实层生于菌盖上表面，光滑，常有褶皱。菌柄长 5~6cm，直径 1~2cm，有纵棱及深槽形陷坑，棱脊缘窄而往往交织，与菌盖同色。子囊孢子（14~20）μm×（10~15）μm，宽椭圆形，光滑至粗糙，无色。

生境时期

夏秋季单生于阔叶林中地上。

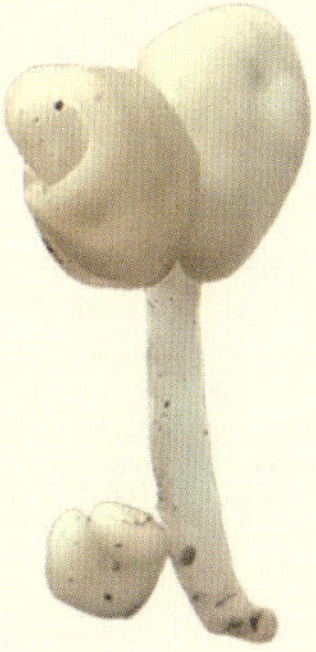

用途

皱马鞍菌可食用，为味道较好的山珍，且具有营养价值。

7	粗柄羊肚菌 *Morchella crassipes* (Vent.) Pers.	盘菌目 Pezizales	羊肚菌科 Morchellaceae	羊肚菌属 *Morchella*

形态特征

子实体单生或群生。菌盖近圆锥状，长 7~9cm，粗 5~6cm，表面的小凹坑近圆形，大而浅，淡黄色，棱脊薄，不规则地相互交织。小凹坑内为子实层。菌柄近白色至淡黄色，长 10cm 或更长，基部膨大处粗可达 5cm，表面有纵行显著扭曲的粗凸隆起，中空。子囊圆柱状，有孢子部分 150μm × 18μm。侧丝顶端稍膨大。子囊孢子（22~25）μm ×（15~17）μm，椭圆形，无色。

生境时期

主要在木质素纤维丰富的培基中，如室内锯木屑。

用途

食用，营养丰富。多糖是粗柄羊肚菌的主要成分之一，具有多种生物学活性。

8	羊肚菌 *Morchella esculenta* (L.) Pers.	盘菌目 Pezizales	羊肚菌科 Morchellaceae	羊肚菌属 *Morchella*

形态特征

菌盖近球形、卵形至椭圆形，高 4~10cm，宽 3~6cm，顶端钝圆，表面有似羊肚状的凹坑。凹坑不定形至近圆形，宽 4~12mm，呈蛋壳色至淡黄褐色，棱纹色较浅，不规则地交叉。柄近圆柱形，近白色，中空，上部平滑，基部膨大并有不规则的浅凹槽，长 5~7cm，粗约为菌盖的 2/3。子囊圆筒形，孢子长椭圆形，无色，每个子囊内含 8 个子囊孢子，呈单行排列。侧丝顶端膨大，粗达 12μm，体轻，质酥脆。

生境时期

多生长在阔叶林或针阔混交林的腐殖质层上。

用途

食用。

9	指状钟菌 *Verpa digitaliformis* Pers.	盘菌目 Pezizales	羊肚菌科 Morchellaceae	钟菌属 *Verpa*

形态特征

子囊盘宽 1~3.5cm，钟形至半球形，肉质，易破碎。子实层表面平滑或有皱纹，顶端稍下凹，呈赭石色至暗褐色。菌柄圆柱形，近白色，中空，表面有横排列细小鳞片。子囊（230~250）μm×（14~20）μm，圆柱形，子囊孢子 8 个，单行排列,（22~26）μm×（11~14）μm，长椭圆形，无色。

生境时期

春季单生或散生于阔叶林中地上。

用途

有毒。

10 双色侧盘菌

Otidea bicolor W.Y. Zhuang & Zhu L.Yang

盘菌目	侧盘菌科	侧盘菌属
Pezizales	Otideaceae	*Otidea*

形态特征

子囊盘宽 2~3cm，杯状，一侧纵向深裂。子实层表面蜡黄色。囊盘被粉红灰色至紫褐色，被稀疏颗粒。菌柄短粗，近白色。子囊（140~180）μm×（9~11）μm，近圆柱形，有囊盖，具 8 个子囊孢子。子囊孢子（10~12）μm×（5.5~6）μm，椭圆形，表面光滑。

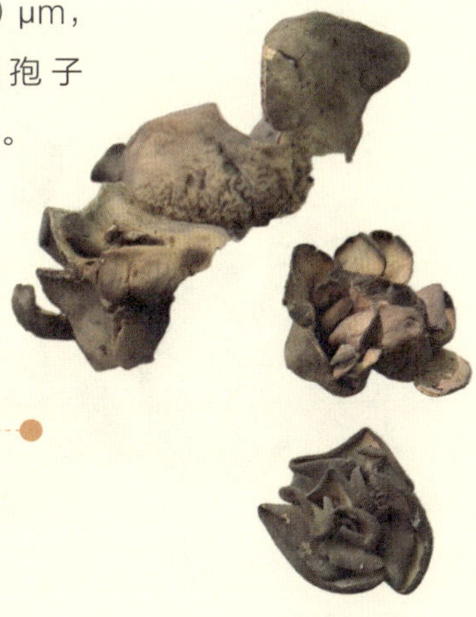

生境时期

夏秋季生于针阔混交林中地上，分布于华中地区。

用途

不明。

11	泡质盘菌 *Peziza vesiculosa* Bolton	盘菌目 Pezizales	盘菌科 Pezizaceae	盘菌属 *Peziza*

形态特征

子实体中等大小，有时可达 14cm。初期近球形，逐渐伸展呈杯状，无菌柄。子实层表面近白色，逐渐变成淡棕色，外部白色，有粉状物。菌内白色，质脆，厚达 3~5mm。子囊（270~335）μm×（16~18）μm。子囊孢子（20~23）μm×（10~14）μm，光滑，无油滴，无色，单行排列。

生境时期

夏秋季生于空旷处的肥土及粪堆上，往往成群生长在一起。

用途

食用。

12 杰勒德盘菌 *Peziza gerardii* Cooke

盘菌目	盘菌科	盘菌属
Pezizales	Pezizaceae	*Peziza*

形态特征

附生、丘形、盘状或异生，幼时颜色为略带粉红色的白色，随着时间的增长变成褐色、紫褐色，橄榄褐色或明显的紫色。无乳胶的肉质。囊胞含有液泡色素，呈棕色、紫棕色或淡黄色，成熟后变为棕色。子囊孢子双条状，具孤立疣状、点状或不规则，通常在两极更致密。

生境时期

腐生，夏秋季节易生长在碱性的土壤上。

用途

不明。

13 橙黄网孢盘菌

Aleuria aurantia (Pers.) Fuckel

盘菌目 Pezizales | 盘菌科 Pezizaceae | 网孢盘菌属 *Aleuria*

形态特征

子实体较小。子囊盘直径 1~8cm，盘状或近环状，无柄，子实层面呈橙黄色或者鲜橙黄色，背面及外表面近白色，粉末状。子囊无色，初期光滑，后期形成网纹，两端有一小尖，圆柱形，(15~21) μm×(8~11.5) μm。侧丝纤细，粗 2.5~3μm，顶端膨大处 5~6μm。

生境时期

夏秋季节于林中地上群生或者近丛生。

用途

记载可以食用，但是生吃会中毒。

14 硫色半杯菌

Calycina claroflava (Grev.) Kuntze

盘菌目 Pezizales | 盘菌科 Pezizellaceae | 半杯菌属 *Calycina*

形态特征

子囊盘直径0.4~1.2mm，垫状或盘形，中间凹陷，无柄。子实体与菌核相连。菌核较小，不易发现。子实层表面与囊盘被光滑，亮黄色至柠檬黄色，半透明。子囊55μm×（6~8）μm，圆柱形。子囊内含8个子囊孢子，顶端非淀粉质。子囊孢子（8~11）μm×（2~2.5）μm，长椭圆形至近纺锤形，少弯曲，透明，成熟后具1个分隔，双层排列。

生境时期

通常在夏秋季于林中、林缘、草地、灌丛、路旁等处腐木上。

用途

不明。

15	半球盾盘菌 *Humaria hemisphaerica* (F.H. Wigg.) Fuckel	盘菌目 Pezizales	火丝菌科 Pyronemataceae	盾盘菌属 *Humaria*

形态特征

子囊盘直径 1~3cm，碗状或近杯状，无柄，边缘具毛。子实层表面呈白色至灰白色。囊盘被淡褐色，被长 90~700μm 的绒毛或粗毛，褐色至淡褐色，具分隔。子囊（230~270）μm×（19~24）μm，近圆柱形，有囊盖，具 8 个子囊孢子。子囊孢子（22~27）μm×（10~13）μm，椭圆形，具有 2 个油滴，表面有疣状纹。

生境时期

夏秋季生于林中地上。

用途

研究，教学。

16 红毛盘菌

Scutellinia scutellata (L.) Lambotte

盘菌目	火丝菌科	毛盘菌属
Pezizales	Pyronemataceae	*Scutellinia*

形态特征

子实体小，红色。子囊盘扁平呈盾状，直径 0.1~1.5cm，子实层面呈鲜红色或橘红色，平滑，干时褪色。边缘凸起有粟褐色毛，周边毛长达 2mm，硬直，顶端尖，有分隔，壁厚。子囊圆柱形，(190~200) μm × (12~18) μm，孢子单行排列。孢子椭圆形至宽椭圆形，初期光滑，成熟后有小疣，(14~20) μm × (10~15) μm。

生境时期

秋季在冷杉林中苔藓丛及腐木上群生。

用途

不明。

17 大孢毛杯菌

Cookeina insititia (Berk. & M.A. Curtis) Kuntze

盘菌目 Pezizales | 肉杯菌科 Sarcoscyphaceae | 毛杯菌属 *Cookeina*

形态特征

子囊盘直径4~10mm，高5~10mm，初期坛状，后高脚杯形，近白色至带肉色或蛋壳色，边缘有白色至肉色粗毛或刺毛。菌柄幼时甚短，成熟时显著增长，长2~36mm，直径1~2mm，圆柱形，近白色，空心。子囊盘边的毛长0.5~2mm，直径0.2~0.5mm，圆锥形，由成束的菌丝组成，近无色至微黄色。子囊（400~450）μm×（13~18）μm，近圆柱形。子囊孢子（45~55）μm×（9~13）μm，不等边梭形或近肾形，稍弯曲，光滑，无色或近无色，在子囊中单行排列。

生境时期

夏秋季常散生或群生于林中水沟旁腐木上。

用途

不明。

18 白毛小口盘菌 *Microstoma floccosum* (Sacc.) Raitv.

盘菌目	肉杯菌科	小口盘菌属
Pezizales	Sarcoscyphaceae	*Microstoma*

形态特征

子囊盘呈杯状，很小，边缘幼时向内卷，菌柄表面有白色的绒毛。高脚杯形至杯形，有茎；宽约 1cm，高约 4cm；上表面秃顶，呈鲜红色。外表面红色，被密密的白色毛。边缘有白色的毛，聚集成尖的束。茎高 1~3cm，厚 2~5mm，白色至灰色，密被毛；肉薄而微红。

生境时期

一般秋季群生于针阔叶林中的枯树枝或腐木上。

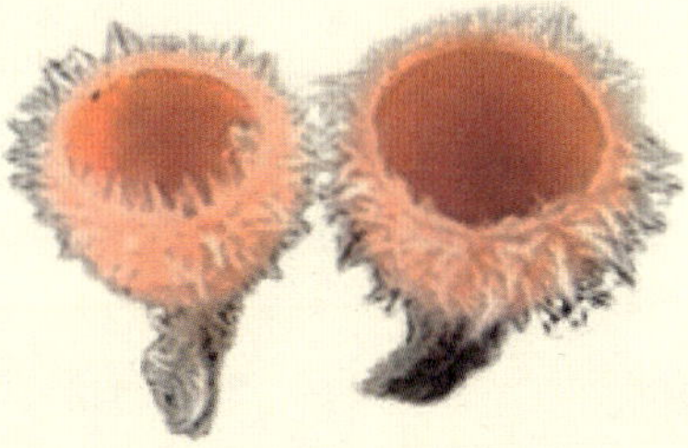

用途

不明。

19	蝉花 *Cordyceps cicadae* (Miq.) Massee	肉座菌目 Hypocreales	虫草科 Cordycipitaceae	虫草属 *Cordyceps*

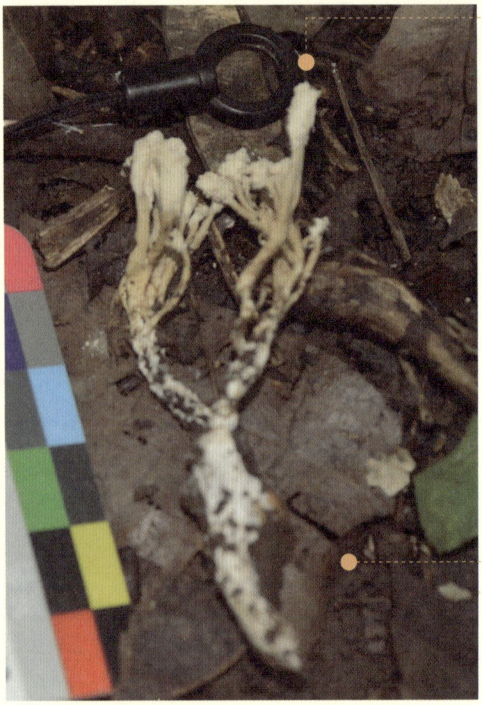

形态特征

菌核为长肾形、微弯曲，长2.5~3.5cm、直径1~1.4cm的似蝉幼虫结构，由外层乳白色菌被、中间蝉蜕和内层菌丝体组成；孢梗束从寄主前端生出，新鲜时呈白色，高1.5~6cm，柄或分枝或不分枝，直径0.1~0.2cm。孢子粉为长方卵形，两端稍尖，大小为（6~9）μm×（2~2.5）μm，常含2个透明无色的蝉花孢子粉油。

生境时期

常见于竹林、阔叶林或混交林边缘等地。

用途

药用。

20	细脚虫草 *Cordyceps tenuipes* (Peck) Kepler, B.Shrestha & Sp	肉座菌目 Hypocreales	虫草科 Cordycipitaceae	虫草属 *Cordyceps*

形态特征

子座小，高 2.5~5cm，呈暗褐色或黄褐色，内部近白色，头部近球形或宽椭圆形至近卵圆形，高 0.4~1cm，直径 0.3~0.6cm。子囊埋生于子座内，近长方形，约 500μm×250μm，孔口呈疣状，稍突出，(250~300)μm×(10~12)μm。孢子串状，分为(8~10)μm×(3~4)μm 的小段，两端钝圆。柄圆柱形，常弯曲，长 2~4.5cm，粗 0.2~0.4cm，呈浅黄褐色至污白黄色，基部暗色。

生境时期

通常在树木的枯枝、腐木或枯叶层上生长。

用途

药用。

21 蛹虫草 *Cordyceps militaris* (L.) Fr.

肉座菌目 Hypocreales | 虫草科 Cordycipitaceae | 虫草属 *Cordyceps*

形态特征

子座单根，从寄主虫体顶端生出长2.7~10cm，粗2.8~5.5mm，黄至橙黄色，不分枝。头部棒状，长0.8~3cm，粗3.3~6μm，黄色，顶端钝圆，无不孕顶端。子囊壳半埋生，粗棒状，外露部分近圆锥形，呈棕褐色，(500~1098)μm×(132~264)μm，成熟时由壳口喷出白色胶质孢子角或小块；子囊蠕虫形，(142~174)μm×(4~6)μm，内含8枚平行排列的线形子囊孢子，孢子断裂为(2~4)μm×1μm的小段。

生境时期

春季至秋季生于刺槐、栎等阔叶树混交林内，半埋在土中或树皮内昆虫的蛹上。

用途

食用，药用。已被广泛人工栽培。

22	下垂线虫草 *Ophiocordyceps nutans* (Pat.) G.H.Sung, J.M. Sung, Hywel-Jones & Spatafora	肉座菌目 Hypocreales	线虫草科 Ophiocordycipitaceae	线虫草属 *Ophiocordyceps*

形态特征

子座单生，偶尔 2~3 根，从寄主胸侧长出。长椭圆形至短圆柱形，新鲜时呈橙红色或橙黄色，随着成熟逐渐褪色呈黄色，最后呈浅黄色，老熟后下垂。菌柄长 3~10cm，不规则弯曲，纤维状肉质，黑色至黑褐色，有金属光泽，外皮与内部组织间有空隙，内部为白色。子囊孢子线形，无色，薄壁，光滑，成熟后断裂形成分孢子。

生境时期

夏秋两季在松林或阔叶林中地上单生或群生。

用途

药用。

23	炭球菌 *Daldinia concentrica* (Bolton) Ces. & De Not.	炭角菌目 Xylariales	炭角菌科 Hypoxylaceae	轮层炭菌属 *Daldinia*

形态特征

子座较小，半球形或近球形，直径1.5~5cm，高1~3.5cm，无柄或近无柄。表面初期呈土褐或紫褐色，后变褐黑至黑色。内部呈暗褐色，纤维状，有明显的同心环带，子囊壳近棒状，孔口点状至稍明显。子囊圆筒形，孢子8个，单行排列。

生境时期

生于阔叶树腐木或树皮上，单生或成群生长在一起。

用途

用于引起树木木质腐朽，形成白色腐朽。

24 山地炭团菌

Hypomontagnella monticulosa (Mont.) Sir, L. Wendt & C. Lamb.

炭角菌目 Xylariales | 炭角菌科 Xylariaceae | 炭团菌属 *Hypoxylon*

形态特征

子座（0.5~2）cm×（0.5~1.5）cm，厚1.5~2.5mm，通常呈垫状。黑色带锈褐色，常有光泽；成熟时子囊壳外表形成小瘤状突起，小突起宽0.3~0.5mm，常呈不规则扁半球形，多个相连。子座表层下及子囊壳间组织近木质至炭质，黑色。子囊壳（0.2~0.3）mm×（0.2~0.4）mm。球形至倒卵球形，孔口稍突起。子囊孢子（7~11）μm×（3.5~4）μm，长椭圆形至长肾形，不等边，单胞，光滑，暗褐色至近黑褐色。

生境时期

通常生长在山地、森林等环境下的腐木上。

用途

不明。

25	黑柄炭角菌 *Xylaria nigripes* (Klotzsch) Cooke.	炭角菌目 Xylariales	炭角菌科 Xylariaceae	炭角菌属 *Xylaria*

形态特征

子实体小型，头部圆柱形，顶端钝，初期白色，后变灰褐色至黑色。柄细长，黑色，基部连于菌核上。菌核卵圆形，暗褐色。孢子灰褐色，圆球形，类圆球形或不规则呈扁平条块。

生境时期

生于温暖山丘坡地、阔叶树林地上或河堤土坡上的土栖白蚁死亡或搬迁后的蚁穴中。

用途

药用。

担子菌门

Basidiomycota

26	柄灰锤 *Tulostoma brumale* Pers.	灰锤目 Tulostomatales	灰锤科 Tulistomataceae	灰锤属 *Tulostoma*

形态特征

子实体高 3~12cm，锤形。外包被常脱落只留存基部。内包被直径 1.1~1.5cm, 近球形，有细小鳞片或近光滑，膜质，浅赭色、稻草色、褐色至污褐色，渐褪为近白色。顶孔直径 2mm，圆形小管状，稍向外突出，边缘完整，与包被近同色。菌柄长 2~4.8cm, 直径 4~5mm, 圆柱形，有纵向条纹，具小鳞片，深肉桂色、污白色、淡褐色至稻草色，被污褐色鳞片，内部白色，基部具球形的菌丝体。担孢子直径 5~6μm，球形，具有小疣突。

生境时期

生于砂质土上，秋季多见。

用途

药用。

27 烟管菌

Bjerkandera adusta (Willd.) P. Karst.

多孔菌目 Polyporales | 原毛平革菌科 Phanerochaetaceae | 烟管菌属 *Bjerkandera*

形态特征

子实体较小，一年生，无柄，软革质，以后变硬。菌盖半圆形，表面淡黄色、灰色到浅褐色，有绒毛，以后脱浇，表面近光滑或稍有粗糙，环纹不明显。

生境时期

生于云杉、桦树等阔叶树伐桩、枯立木、倒木上，覆瓦状排列或连成片。

用途

药用。

28	黄孢原毛平革菌 *Phanerochaete chrysosporium* Burds.	多孔菌目 Polyporales	原毛平革菌科 Phanerochaetaceae	原毛平革菌属 *Phanerochaete*

形态特征

菌丝体为多核，一孢内随机分布多达 15 个细胞核，菌丝一般无隔膜，也无锁状联合。分生孢子为异核体，担孢子是同核体。交配系统有同宗配合和异宗配合两种形式。

生境时期

一般腐生于树木或木材上。

用途

药用。

29 皮拉特拟射脉菌

Phlebiopsis pilatii (Parmasto) Spirin & Miettin

多孔菌目 Polyporales | 原毛平革菌科 Phanerochaetaceae | 拟射脉菌属 *Phlebiopsis*

形态特征

担子果一年生，新鲜时或多或少呈软木状，干燥时变软木状，有强烈裂隙。膜面棕黄色，光滑到微淡软质；下托与膜面共色。边缘共色或较苍白，狭窄，变薄。在 KOH 中变成紫色。菌丝系统单体。生殖菌丝单生隔，透明到淡黄色，薄壁，经常分枝，有时膨胀，通常在间隔处收缩，直径可达 6μm。

生境时期

腐生于山茱萸的枯枝上。

用途

不明。

30	厚拟射脉菌 *Phlebiopsis crassa* (Lév.) Floudas & Hibbett	多孔菌目 Polyporales	原毛平革菌科 Phanerochaetaceae	拟射脉菌属 *Phlebiopsis*

形态特征

单个斑块直径 3~28cm；轮廓不规则。新鲜时表面秃顶或呈非常细腻的天鹅绒状，随着菌龄的增长而产生细裂纹；新鲜时紫色，成熟时棕紫色或紫褐色，边缘带淡紫色至白色，模糊不清。肉厚小于 1mm，像表面一样着色。

生境时期

腐生，可能寄生在最近倒下的硬木木材上，导致心材白腐，在孤立或群居的斑块中传播。

用途

不明。

31	蓝伏革菌 *Terana coerulea* (Lam.) Kuntze	多孔菌目 Polyporales	原毛平革菌科 Phanerochaetaceae	伏革菌属 *Terana*

形态特征

子实体薄，呈膜质，平伏在树枝上或树干上，湿润时可剥离，呈深景泰蓝色。边缘往往很薄，颜色较浅呈白色。剖面厚200~500μm，颜色与子实层相同。菌丝壁厚，具锁状联合，直径3~4.5μm。孢子无色，椭圆形，(5.5~10) μm×(4.5~5) μm。

生境时期

夏秋季生于栎树、水曲柳等阔叶树枯木或落枝上，叠生或群生，引起木材腐朽。

用途

不明。

32 一色齿毛菌 *Cerrena unicolor* (Bull.) Murrill

多孔菌目 Polyporales | 齿毛菌科 Cerrenaceae | 齿毛菌属 *Cerrena*

形态特征

担子果一年生，无柄或具狭窄的基部，新鲜时柔韧，干后近革质。菌盖半圆形，常常覆瓦状排列和左右相连，（3~10）cm×（2~14）cm，厚2~5mm，表面被绒毛，有同心环纹，初为淡白色，后变浅黄色，边缘锐或钝。菌肉呈白色，菌管呈白色，管口略圆形，3~4 个 /mm。

生境时期

生于各种阔叶树上，尤其喜生桦树上，稀生于针叶树上。

用途

药用。

33 环带齿毛菌

Cerrena zonata (Berk.) H.S. Yuan

多孔菌目 Polyporales | 齿毛菌科 Cerrenaceae | 齿毛菌属 *Cerrena*

形态特征

子实体一年生，平伏至具明显菌盖，覆瓦状叠生，新鲜时革质，干后硬革质。菌盖外伸可达 3cm，宽可达 5cm，厚可达 8mm。表面新鲜时橘黄色至黄褐色，具同心环带。边缘锐，干后内卷。孔口表面橘黄褐色至黄褐色，近圆形，2~3 个 /mm。边缘薄，撕裂状。不育边缘窄至几乎无。菌肉革质，厚可达 4mm。菌管或菌齿单层，黄褐色，干后硬纤维质，长可达 4mm。担孢子（4.3~6）μm×（3~4）μm，宽椭圆形，无色，薄壁，光滑，非淀粉质，不嗜蓝。

生境时期

生于山区林中，丛生或簇生于杨、柳等阔叶树活立木、死树和倒木上。

用途

药用。

34 异形薄孔菌 *Antrodia heteromorpha* (Fr.) Donk

多孔菌目 Polyporales | 拟层孔菌科 Fomitopsidaceae | 薄孔菌属 *Antrodia*

形态特征

子实体一年生，平伏或平伏反卷，无柄，覆瓦状叠生。单个菌盖外伸可达 2cm，宽可达 6cm。

孔口表面新鲜时呈乳白色至乳黄色，干后呈淡黄色至淡黄褐色或浅褐色，无折光反应。不规则形或近圆形至多角形、迷宫状。边缘薄，全缘或撕裂状。成熟子实层体裂齿状，菌齿紧密排列。菌肉白色至浅黄色，新鲜时软木质，干后木栓质。菌管与孔口表面同色或略浅。

生境时期

夏秋季生于针叶树上，造成木材褐色腐朽。

用途

不明。

35 王氏薄孔菌 *Antrodia wangii* Y.C. Dai & H.S. Yuan

多孔菌目 Polyporales | 拟层孔菌科 Fomitopsidaceae | 薄孔菌属 *Antrodia*

形态特征

菌盖外伸可达 1cm，宽可达 10cm，厚可达 6mm，表面新鲜时奶油色，干后浅黄褐色，光滑，边缘锐。孔口表面新鲜时奶油色，干后奶油色至浅黄色，无折光反应，圆形至多角形，4~5 个 /mm。边缘薄，全缘。菌肉奶油色至浅黄色，无同心环区，木栓质，较薄，厚可达 1mm。菌管与菌肉同色，木栓质。担孢子（6.3~7.8）μm×（2.1~2.6）μm，圆柱形，有时稍弯曲，无色，厚壁，光滑，非淀粉质，不嗜蓝。

生境时期

夏秋季生于李树上，造成木材褐色腐朽。

用途

不明。

36	肉色迷孔菌 *Daedalea dickinsii* (Berk. ex Cke.) Yasuda	多孔菌目 Polyporales	拟层孔菌科 Fomitopsidaceae	迷孔菌属 *Daedalus*

形态特征

子实体一年生，木栓质，无柄侧生，菌盖半圆形、扁平或稀马蹄形，表面有不明显的辐射状皱纹和环纹，或有小疣和小瘤，细绒毛，渐变光滑，初为浅肉色，后变为棕灰色至深棕灰色。菌管同菌肉色，管口近似盖色，形状不整齐，边缘多为圆形，其他为多角形至长方形，向骨渐呈长方形到迷路状，偶尔出现近褶状，管壁厚，全缘。

生境时期

生阔叶树倒木、伐木桩上，单生或覆瓦状叠生。

用途

药用。

37 梭伦小剥管孔菌

Piptoporellus soloniensis (Dubois) B.K. Cui, M.L. Han & Y.C. Dai

多孔菌目 Polyporales | 拟层孔菌科 Fomitopsidaceae | 小剥管孔菌属 *Piptoporellus*

形态特征

子实体一年生，具侧生短柄或无柄，覆瓦状叠生，新鲜时软革质，干后软木栓质。菌盖半圆形或圆形，直径可达 28cm，中部厚可达 30mm，孔口近圆形，4~5 个 /mm。边缘薄或略厚，全缘。菌肉新鲜时呈奶油色，肉质，干后呈浅黄色或浅粉黄色，海绵质或软木栓质，厚可达 20mm。菌管与孔口表面同色，长可达 10mm。菌柄新鲜时呈奶油色，干后呈浅赭石色，被细绒毛或光滑，长可达 2cm，直径可达 2cm。担孢子（4.8~6）μm×（2.8~3.8）μm，椭圆形，无色，薄壁，光滑。

生境时期

在山区林中，单生于阔叶树上，造成木材褐色腐朽。

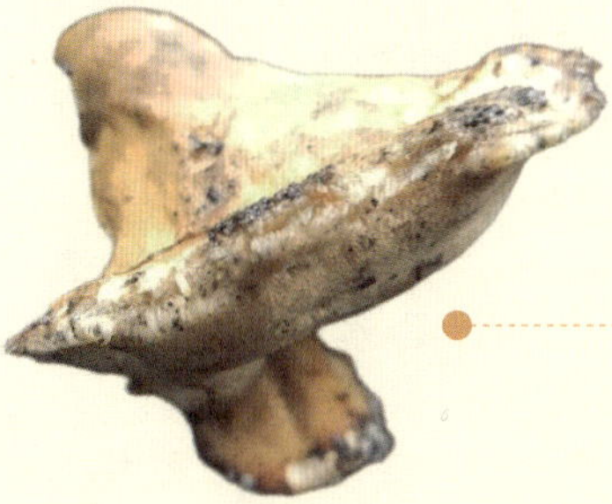

用途

药用。

38 瘤盖拟层孔菌

Fomitopsis palustris (Berk. & M.A. Curtis) Gilb. & Ryvarden

多孔菌目 Polyporales | 白肉迷孔菌科 Fomitopsidaceae | 拟层孔菌属 *Fomitopsis*

形态特征

菌盖半圆形，外伸可达 4cm，宽可达 6.5cm，基部厚可达 1.6cm。菌盖表面白色至奶油色，具不明显的环带和纵条纹，被细绒毛或无毛，粗糙。边缘与菌盖同色或颜色较深。孔口表面为白色至奶油色，随着菌龄增加或干后变成浅黄色至深褐色，具明显的折光反应。孔口圆形至多角形，大多数每毫米 2~4 个，有的 4~5 个，薄壁至稍厚壁。菌肉奶油色至淡黄色，硬纤维状至木栓质，厚可达 1.1cm。菌管与孔口表面同色，木栓质，厚可达 5mm。

生境时期

寄生在阔叶树的活立木、倒木、落枝上。

用途

药用。

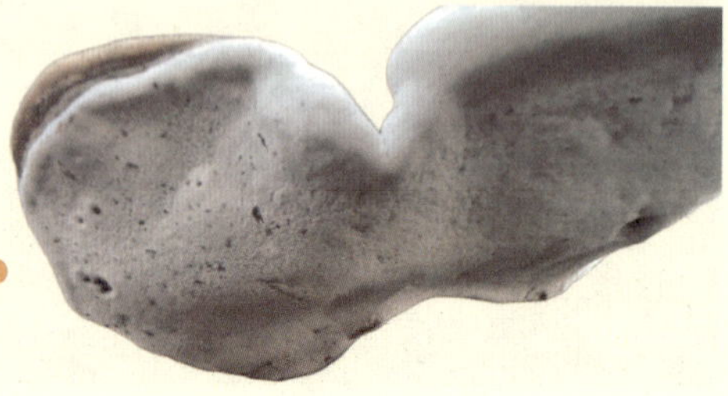

39 楷米干酪菌

Tyromyces kmetii (Bres.) Bondartsev & Singer

多孔菌目	多孔菌科	干酪菌属
Polyporales	Polyporaceae	*Tyromyces*

形态特征

子实体一年生，肉质至革质。菌盖扇形，外伸可达 2cm，宽可达 4cm，基部厚可达 1.2cm。表面奶油色至黄褐色，被绒毛。孔口表面奶油色至乳黄色，圆形，4~5 个 /mm；边缘薄，全缘或撕裂状。不育边缘几乎无。菌肉新鲜时乳白色，厚可达 10mm。菌管淡黄褐色，长可达 2mm。担孢子（3.1~4.5）μm×（2~2.5）μm，椭圆形，无色，薄壁，光滑，非淀粉质，不嗜蓝。

生境时期

秋季生于桦树等阔叶树倒木上，造成木材白色腐朽。

用途

药用。

40 薄皮干酪菌 *Tyromyces chioneu* (Fr.) P. Karst.

多孔菌目 Polyporales | 多孔菌科 Polyporaceae | 干酪菌属 *Tyromyces*

形态特征

子实体较小或中等，无柄或有柄。菌盖直径 1~9cm，厚 0.5~0.9cm，纯白色，后变污白色至淡黄色，鲜时软而多汁，干时硬，表面光滑或近光滑，有薄的表皮层，扁平或边缘波状。菌肉白色，较薄。菌管长 2~3mm，管口多角形，4~5 个 /mm。孢子无色，光滑，圆柱形至腊肠形。

生境时期

通常生长在阔叶树倒木上，引起木材白色腐朽。

用途

作为益生菌制剂的原料；薄皮干酪菌在某些护肤品中也有所应用。

41	膨大革孔菌 *Coriolopsis strumosa* (Fr.) Ryvard	多孔菌目 Polyporales	多孔菌科 Polyporaceae	革孔菌属 *Coriolopsis*

形态特征

菌盖呈圆形或不规则形状，边缘有明显的棱纹，有时呈波状。菌盖表面为淡黄色或淡黄褐色，有时带有褐色斑点或斑纹。菌肉呈浅黄色或浅褐色，质地柔软。

生境时期

通常在夏季或秋季生长在腐木上，尤其是在针叶树的腐木上较为常见。此外，在树干、枯枝和伐木上也可以找到。

用途

膨大革孔菌在某些地区被用作食物，但请注意，这种真菌含有一些有毒成分，因此并不是所有人都适合食用。此外，膨大革孔菌还被用于制作木材防腐剂和生物农药。

42	硬毛粗盖孔菌 *Funalia trogii* (Berk.) Bondartsev & Singer	多孔菌目 Polyporales	多孔菌科 Polyporaceae	革孔菌属 *Coriolopsis*

形态特征

子实体一年生，中等至较大，无柄，马蹄形，半圆形或垫状，开始软多汁，干后脆。菌盖开始为黄褐色到锈红色，以后变黑褐色到黑色，有粗毛，无环纹，边缘钝圆，有绒毛，菌肉呈锈红色，菌管孔面始为浅黄色，渐与菌肉同色。

生境时期

腐生于树干上。

用途

能够降解工业污染物，对工业废水进行脱色，并能吸附 Hg^{2+}、Cd^{2+} 和 Zn^{2+} 重金属离子，从而达到生物修复的效果；能产生木质素酶及纤维素酶，在生态循环中起重要作用。

43 褶拟迷孔菌

Daedaleopsis confragosa (Bolton) J. Schröt.

多孔菌目	多孔菌科	拟迷孔菌属
Polyporales	Polyporaceae	*Daedaleopsis*

形态特征

担子果一年生，无柄，近革质到木栓质。菌盖半圆形，扁平，有时平展至反卷或覆瓦状，以狭小的基部固着在基物上，有时数个菌盖侧面连接在一起，（1~3.5）cm×（2~7.5）cm，厚 0.4~0.9cm，表面具辐射状细皱，幼时被绒毛，老后几乎光滑，有不明显的轮纹，紫褐色或栗色，老后褪色，基部有瘤状物。

生境时期

生于阔叶树和针叶树腐木上，如桦树和松树等。可导致木材白色腐朽。此菌往往出现在人工栽培食用菌的段木上，被视为“杂菌”。

用途

不明。

44 三色拟迷孔菌

Daedaleopsis tricolor (Bull.) Bondartsev & Singer

多孔菌目	多孔菌科	拟迷孔菌属
Polyporales	Polyporaceae	*Daedaleopsis*

形态特征

子实体一般中等大，一年生，无柄。菌盖革质至木栓质，扁平，半圆形或基部狭小，初期有细绒毛后变光滑，有环带和辐射状皱纹，朽叶色至肝紫色，渐褪至浅茶褐色或肉桂色，甚至变为灰白色，边缘薄锐，波浪状。菌褶部相互交织，褶缘波浪状或近锯齿状。孢子长圆柱形，无色，平滑，(5.5~7.5) μm×(2.2~2.5) μm。

生境时期

生于阔叶树腐木上，有时见于松等针叶树枯立木或倒木上。常侧生或覆瓦状叠生。属木腐菌，被侵染的枯立木、倒木、伐木桩、电杆、土木建筑的木质部形成白色腐朽。

用途

不明。

45 细长棘刚毛菌

Echinochaete russiceps (Berk. & Broome) D.A. Reid

多孔菌目 Polyporales | 多孔菌科 Polyporaceae | 棘刚毛菌属 *Echinochaete*

形态特征

子实体一年生，伞状、扇形至平展，有时具一个明显柄状的基部，新鲜时软胶状，干时树脂状至木质且坚硬。菌盖起初被细小的毛，后于同心环区块迅速无毛，浅褐色、褐色至深栗色。菌孔表面奶油色至浅黄褐色，非常小，与菌管同色。菌肉淡褐色至焦茶色。菌丝双系，生殖菌丝无色，薄壁，担孢子广椭圆形至近圆形，无色。

生境时期

生于腐木上。

用途

不明。

46	大孔菌 *Favolus alveolarius* (Bosc) Quél.	多孔菌目 Polyporales	多孔菌科 Polyporaceae	大孔菌属 *Favolus*

形态特征

子实体中等大。有侧生或偏生短柄，菌盖肾形至扇形至圆形，偶呈漏斗状，后期往往下凹，新鲜时韧肉质，干后变硬，无环纹，初期浅朽叶色，并有由纤毛组成的小鳞片，后期近白色，光滑。边缘薄，常内卷。

生境时期

生于阔叶树的枯枝上。

用途

药用。

47	漏斗大孔菌 *Favolus arcularius* (Batsch) Fr.	多孔菌目 Polyporales	多孔菌科 Polyporaceae	大孔菌属 *Favolus*

形态特征

大型真菌，子实体一般较小。菌盖扁平中部脐状，后期边缘平展或翘起，似漏斗状，薄，褐色、黄褐色至深褐色，有深色鳞片，无环带，边缘有长毛，新鲜时韧肉质，柔软，干后变硬且边缘内卷。

生境时期

夏秋季生多种倒木及枯树上。

用途

食用。

48

木蹄层孔菌
Fomes fomentarius (L.) Fr.

多孔菌目 Polyporales | 多孔菌科 Polyporaceae | 层孔菌属 *Fomes*

形态特征

子实体多年生。木质，半球形至马蹄形，或呈吊钟形，厚3~20cm。菌盖光滑，无毛，有坚硬的皮壳，鼠灰色、灰褐色至灰黑色，断面黑褐色，有光泽，有明显的同心环棱。盖缘钝，黄褐色。菌肉暗黄色至锈色、红褐色，分层，软木栓质，厚0.5~3.5cm，无光泽。菌管多层，层次明显，每层厚0.5~2.5cm，管壁较厚，灰褐色。

生境时期

生于白桦、枫、栎及山杨等的污立木和腐木上。

用途

药用。

49 有柄灵芝

Ganoderma gibbosum (Blume & T. Nees) Pat.

多孔菌目	多孔菌科	灵芝属
Polyporales	Polyporaceae	*Ganoderma*

形态特征

菌盖半圆形或近扇形，(4~10) cm×(5~9) cm，厚达2cm，上表面锈褐色、污黄褐色或土黄色，具较稠密的同心环带，皮壳较薄，有时有龟裂，无光泽。菌肉深褐色或深棕褐色，厚0.5~1cm。菌管深褐色，长0.5~1cm。孔面污白色或褐色，管口近圆形，每毫米有4~5个。菌柄短而粗，侧生，长4~8cm，直径1~3cm，基部更粗，与菌盖同色。

生境时期

5—9月，多生于栎树及其他阔叶树的腐木上。

用途

药用。

50 灵芝

Ganoderma lingzhi Sheng H. Wu, Y. Cao & Y.C. Dai

多孔菌目 Polyporales | 多孔菌科 Polyporaceae | 灵芝属 *Ganoderma*

形态特征

一年生或多年生，有柄，木栓质到木质，菌盖扇形，具沟纹，肾形、半圆形或近圆形，表面呈褐黄色或红褐色、血红色至栗色，有时边缘逐渐变成淡黄褐色至黄白色。

生境时期

6—8月，常生于散射光的阔叶林中，尤其是以向阳的壳斗科和松科松属植物的根际或枯树桩上较多。

用途

药用。

51	树舌灵芝 *Ganoderma applanatum* (Pers.) Pat.	多孔菌目 Polyporales	多孔菌科 Polyporaceae	灵芝属 *Ganoderma*

形态特征

子实体大型或特大型。无柄或几乎无柄。菌盖半圆形，扁半球形或扁平，基部常下延，表面为灰色，渐变褐色，有同心环纹棱，有时有瘤，皮壳胶角质，边缘较薄。菌肉为浅栗色，有时近皮壳处后变暗褐色。

生境时期

5—9月，主要生长在阔叶树的树干上。

用途

药用。

52	硫磺菌 *Laetiporus sulphureus* (Bull.) Murrill	多孔菌目 Polyporales	多孔菌科 Polyporaceae	硫磺菌属 *Laetiporus*

形态特征

子实体大型。初期瘤状，似脑髓状，菌盖覆瓦状排列，肉质多汁干后轻而脆。菌盖表面呈硫磺色至鲜橙色。有细绒或无，有皱纹，无环带，边缘薄而锐，波浪状至瓣裂。菌肉呈白色或浅黄色，管孔呈硫磺色，干后褪色，孔口多角形。

生境时期

夏秋生栎、桦、李等阔叶树干基部，有时也生于针叶树干基部，引起心材褐色腐朽。

用途

食用。

53 乳色平栓菌

Leiotrametes lactinea (Berk.) Welti & Courtec.

多孔菌目 Polyporales | 多孔菌科 Polyporaceae | 平栓菌属 *Leiotrametes*

形态特征

子实体中等或大，半圆形，平展，相互连接形成更大的子实体，污白色渐变浅肉色，木栓质，无菌柄，表面有微细绒毛渐变光滑，有小瘤状凸起和不明显棱纹，边缘波状或瓣裂，菌肉白色至米黄色。菌管同盖色。管圆形，孢子无色，光滑，宽椭圆形。

生境时期

夏秋季生阔叶树腐木上，属木腐菌。

用途

药用。

54 桦褶孔菌 *Lenzites betulina* (L.) Fr.

多孔菌目 Polyporales | 多孔菌科 Polyporaceae | 褶孔菌属 *Lenzites*

形态特征

子实体有细绒毛，新鲜时初期呈浅褐色，有密的环纹和环带，后呈黄褐色、深褐色或棕褐色，甚至深肉桂色，老时变灰白色至灰褐色。菌肉呈白色或近白色，后变浅黄色至土黄色。菌褶初期近白色，后期呈土黄色，干后波状弯曲，褶缘完整或近齿状。

生境时期

6—9 月，主要生长在阔叶林环境。

用途

药用。

55 黄柄小孔菌 *Microporus xanthopus* (Fr.) Kuntze

多孔菌目 Polyporales | 多孔菌科 Polyporaceae | 小孔菌属 *Microporus*

形态特征

担子果一年生，有柄，革质。菌盖漏斗形或近漏斗形，宽3~16cm，厚0.5~1mm，表面浅朽叶色至栗褐色、浅黄褐色、浅红褐色到暗褐色，无毛，有光泽及同心环带，有辐射状皱纹或平滑。边缘薄而锐，波浪状至瓣裂，下侧不孕，干后多向下卷，菌肉近白色或木材色，厚0.3~0.5mm。菌管极短，与菌肉同色。孔面微带淡紫色或木材色；管口略圆形，7~8个/mm。菌柄浅黄色至淡褐色，光滑，中生或稍偏生，长0.5~5cm，直径2~5mm，基部膨大。

生境时期

5—9月，多生长在苹果、杨、核桃、榆、柳等活立木树干、主枝上。

用途

药用。

56	新棱孔菌 *Neofavolus alveolaris* (DC.) Sotome & T. Hatt.	多孔菌目 Polyporales	多孔菌科 Polyporaceae	新棱孔菌属 *Neofavolus*

形态特征

菌盖宽 1~10cm，半圆形至肾形或扇形。柄（当有）长 0.5~2cm，厚 1.5~5mm，粗短。菌盖为橙黄色至红橙色，随着菌龄的增长而褪色至淡黄色或近乎白色。菌褶呈白色至淡黄色，多边形到六边形，呈放射状排列，宽 1~2mm。

生境时期

5—11 月，生长在木材上，腐生，单独生长、分散或群居生长。

用途

食用。

57 小黑多孔菌

Polyporus dictyopus Mont.

多孔菌目 Polyporales | 多孔菌科 Polyporaceae | 多孔菌属 *Polyporus*

形态特征

子实体一年生，具有侧生柄或基部收缩成柄状，革质。菌盖呈扇形或半圆形，表面呈红褐色至酒红褐色，光滑，具辐射状纵条纹。边缘锐，波浪状，干后常内卷。孔口表面呈奶油色至土黄色，具折光反应。边缘薄，全缘，呈波浪状。菌肉呈奶油色至土黄色，菌管呈奶油色至土黄色，菌柄呈黑色，长可达 9mm，直径可达 5mm。担孢子（5.7~7）μm ×（2.2~3）μm，长圆柱形，无色，薄壁，光滑，非淀粉质，不嗜蓝。

生境时期

夏秋季单生于阔叶树倒木或落枝上，造成木材白色腐朽。

用途

药用。

58	条盖多孔菌 *Polyporus grammocephalus* Berk.	多孔菌目 Polyporales	多孔菌科 Polyporaceae	多孔菌属 *Polyporus*

形态特征

子实体一年生，具侧生柄，革质。菌盖扇形，直径可达 7cm，中部厚可达 9mm。表面新鲜时奶油色至浅褐色，成熟时灰白色，光滑，具放射状条纹。边缘波浪状，干后有时内卷。孔口表面浅黄色至褐色，具折光反应，圆形，4~6 个 /mm，下延至菌柄。边缘薄，略呈撕裂状。菌肉奶油色至木材色，厚可达 4mm。菌管淡讷色，长可达 4mm。菌柄与孔口表面同色，长可达 1cm，直径达 5mm。担孢子（7~8.9）μm×（3~4）μm，长椭圆形至圆柱形，无色，薄壁，光滑，非淀粉质，不嗜蓝。

生境时期

春季至秋季生长在阔叶林中的阴暗环境。

用途

药用。

59 奶油栓孔菌 *Trametes lactinea* (Berk.) Sacc.

多孔菌目 Polyporales | 多孔菌科 Polyporaceae | 栓菌属 *Trametes*

形态特征

担子果一年生，盖形，单生，新鲜时无臭无味，硬木栓质至木栓质，干后重量明显减轻。菌盖半圆形至贝壳形，长可达 5.3cm，宽达 8cm，基部厚 3.7cm。菌盖表面干后奶油色至灰色至黄褐色，光滑无环纹，尤其是在基部有不规则的疣突，边缘圆钝，厚。孔口表面奶油色至浅黄褐色，有折光反应，孔口圆形至多角形，1.5~2 个 /mm，管壁薄，全缘。

生境时期

生长于阔叶树木材上。

用途

药用。

60	毛栓菌 *Trametes hirsuta* (Wulfen) Lloyd	多孔菌目 Polyporales	多孔菌科 Polyporaceae	栓菌属 *Trametes*

形态特征

子实体小至中等大，一年生，无柄侧生，木栓质。菌盖厚 5~25mm，半圆形，表面类似鹿茸，平近薄片状，密被黄白色、黄褐色或深栗褐色粗毛束，有同心环带。菌肉呈白色，木材色至浅黄褐色，厚 2.5~10mm。菌管一层，与菌肉同色同质，长 2.5~15mm，孢子无色，光滑，长椭圆形，（4.5~7.2）μm×（1.8~2.7）μm。

生境时期

夏秋季，多生于杨和柳属的活立木和枯立木上，或伐木桩上。兼性好氧。

用途

药用。

61	偏肿栓菌 *Trametes gibbosa* (Pers.) Fr.	多孔菌目 Polyporales	多孔菌科 Polyporaceae	栓菌属 *Trametes*

形态特征

子实体中等至大，一年生，木栓质，无柄，侧生单生或叠生。菌盖多为半圆形、扁平，往往左右相连，表面密被绒毛，呈浅灰色、灰白色，近基部色深呈肉桂色，后期毛脱落，具较宽的同心环纹及棱纹，基部常有藻类附生而呈现绿色。盖缘完整、较薄，钝或波状，下侧无子实层。

生境时期

6—9月，生于柞、榆、椴等树木的枯木、倒木、木桩上。

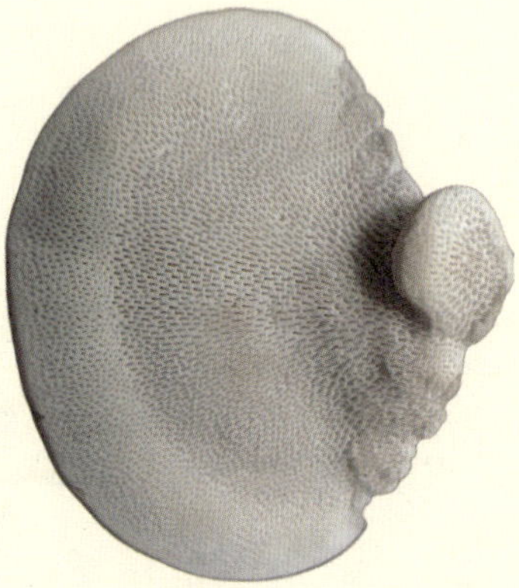

用途

药用。

62 雅致栓孔菌 *Trametes elegans* (Spreng.) Fr.

多孔菌目 Polyporales | 多孔菌科 Polyporaceae | 栓菌属 *Trametes*

形态特征

担子果一年生，无柄盖形，革质，菌盖半圆形至扇形，具有不明显的同心环，孔口圆形至半褶状。通常单生，偶尔数个聚生，担孢子窄椭圆形，无色，薄壁，平滑。

生境时期

春季至秋季生于阔叶树的倒木和腐朽木上。

用途

该菌对木质素有降解作用。同时雅致栓孔菌挥发性化合物具有花香和柠檬香。在抗菌活性方面，其提取物具有抗菌功能。

63	血红栓菌 *Trametes sanguinea* (Klotzsch) Pat.	多孔菌目 Polyporales	多孔菌科 Polyporaceae	栓菌属 *Trametes*

形态特征

子实体群生，小至中等，木栓质，无柄或近无柄，菌盖近半圆形至扇形，扁平，表面呈鲜艳的朱红色，风吹雨打后褪成淡红色至白色，光滑，无毛，环纹不明显。菌肉木栓质至革质，有比菌盖色浅的环纹。

生境时期

春夏季多腐生于阔叶树枯立木、倒木、伐木桩上，有时也生于针叶树上。

用途

药用。

64	云芝 *Trametes versicolor* (L.) Lloyd	多孔菌目 Polyporales	多孔菌科 Polyporaceae	栓菌属 *Trametes*

形态特征

菌盖较小，无柄，常数个叠生成覆瓦状或莲座状，菌盖表面密生灰、褐、蓝、紫黑等颜色的绒毛，边缘薄。腹面灰褐色、黄棕色或淡黄色。

生境时期

5—8月，主要生长在已经腐朽的树干、树枝以及伐桩表面。

用途

药用。

65 白蜡多年卧孔菌

Perenniporia fraxinea (Bull.) Ryvarden

多孔菌目 Polyporales | 多孔菌科 Polyporaceae | 多年卧孔菌属 *Perenniporia*

形态特征

子实体一年生，覆瓦状叠生，木栓质。菌盖半圆形，外伸可达 9cm，宽可达 13cm，基部厚可达 2cm，表面浅黄褐色至红褐色或污褐色，粗糙至光滑，同心环带不明显，边缘锐或钝。孔口表面新鲜时奶油色，无折光反应，圆形，7~8 个 /mm。边缘厚，全缘。菌肉浅黄褐色，厚可达 10mm。菌管与菌肉同色，长可达 10mm。担孢子（5.2~6.1）μm×（4.6~5.2）μm，广椭圆形至近球形，无色，厚壁，光滑，拟糊精质，嗜蓝。

生境时期

6—9 月，主要生长在白蜡树的树干、树枝或树桩上。

用途

药用。

66 白囊耙齿菌 *Irpex lacteus* (Fr.) Fr.

多孔菌目 Polyporales | 耙齿菌科 Irpicaceae | 耙齿菌属 *Irpex*

形态特征

担子果一年生，平展至反卷，菌盖（8~15）mm×（9~20）mm，厚1.5~3mm，表面白色，有细长毛，菌管长1~2mm，孔面白色或淡黄白色，管口2个/mm，常裂为齿状。菌丝系统二体型生殖菌丝具简单隔膜，直径3~4μm，囊状体显著，被结晶（30~50）μm×（6~8）μm，担孢子圆柱形透明平滑，（4.5~6）μm×（2.5~3）μm。

生境时期

生于阔叶树枯立木、倒木及枯枝上，只在雷雨天后生长繁殖。

用途

药用。

67 撕裂耙齿菌

Irpex laceratus (N. Maek., Suhara & R. Kondo) C.C. Chen & Sheng H. Wu

多孔菌目	耙齿菌科	耙齿菌属
Polyporales	Irpicaceae	*Irpex*

形态特征

菌盖（8~15）mm×（9~20）mm，厚 1.5~3mm，表面白色，有细长毛，菌管长 1~2mm，孔面白色或淡黄白色，管口 2 个 /mm，常裂为齿状。菌丝系统二体型生殖菌丝具简单隔膜，直径 3~4μm，囊状体显著，被结晶（30~50）μm×（6~8）μm，担孢子圆柱形透明平滑，（4.5~6）μm×（2.5~3）μm。

生境时期

野生状态下寄生于油松上。

用途

药用。

68	大型亚灰树花 *Meripilus giganteus* (Pers.) P. Karst.	多孔菌目 Polyporales	亚灰树花菌科 Meripilaceae	亚灰树花菌属 *Meripilus*

形态特征

担子果一年生，有柄，半肉质，菌盖密集覆瓦状，着生于多分枝的菌柄顶端。菌盖半圆形，扇形或匙形，表面呈灰褐色、紫黑色、黄褐色或褐色，干后部分呈近黑色或黑褐色，有辐射状皱纹；边缘呈淡黄色，薄而锐，波浪状或瓣裂，干时内卷。菌肉为白色。菌管近白色，干后呈褐色或污褐色，受伤处变暗色，下延。孔面近黄白色或与菌管同色；管口略圆形至多角形。

生境时期

生于靠近阔叶树木桩的地上。

用途

食用，但对于少数人来说，它仍然可能引起胃部不适。

69 槭射脉革菌 *Phlebia acerina* Peck

多孔菌目 Polyporales | 皱皮菌科 Meruliaceae | 射脉革菌属 *Phlebia*

形态特征

子实层扁平形，蜡质，幼时角质且易碎，子实层表面肉桂淡黄色或泥土色，无裂痕。边缘白色，有时反卷。子实层结构紧实，加厚。菌丝垂直，无色，黏结，窄于菌丝层菌丝。黄色分泌物遍布整个切面。囊状体在隆起的部位数多，低处稀少，隐没，无色或黄色，窄且长基部棒状，有时先端含油滴。

生境时期

生于腐木上。

用途

不明。

70 胶质射脉革菌

Phlebia tremellosa (Schrad.) Nakasone & Burds.

多孔菌目	皱皮菌科	射脉革菌属
Polyporales	Meruliaceae	*Phlebia*

形态特征

子实体一年生，平伏反卷或具明显菌盖，覆瓦状叠生，新鲜时易与物剥离，肉质至革质。菌盖窄半圆形，外伸可达 3cm，宽可达 6cm，厚可达 3mm。表面白色、淡黄色至粉黄色，被小绒毛。子实层体浅肉桂色、橘黄色至锈橘色，具放射状脊，干后似浅孔状。孔口圆形，3~4 个 /mm。边缘厚，全缘。不育边缘流苏状，宽约 3mm。菌肉灰白色，厚可达 2mm。菌管红褐色，长可达 1mm。

生境时期

夏秋季生于阔叶树倒木和腐木上，造成木材白色腐朽。

用途

不明。

71 优美毡被孔菌

Spongipellis delectans (Peck) Murrill

多孔菌目 Polyporales | 皱皮菌科 Meruliaceae | 毡被菌属 *Spongipellis*

形态特征

子实体一年生，单生，肉质至海绵质，干后强烈收缩，木栓质。菌盖半圆形，外伸可达 14cm，宽可达 20cm，基部厚可达 50mm。表面乳白色至土黄色，被绒毛，粗糙。边缘钝。孔口表面乳白色至土黄色，多角形，2~4 个 /mm。边缘薄，全缘或略呈齿裂状。不育边缘不明显或几乎无。菌肉浅黄色，海绵质至木栓质，具明显环带，厚可达 20mm。菌管黄褐色，肉革质至纤维质，强烈扭曲，长可达 30mm。担孢子（5.5~8）μm×（5~6）μm，宽椭圆形至近球形，无色，壁略厚，光滑，非淀粉质，不嗜蓝。

生境时期

夏秋季生于多种阔叶树上，造成木材白色腐朽。

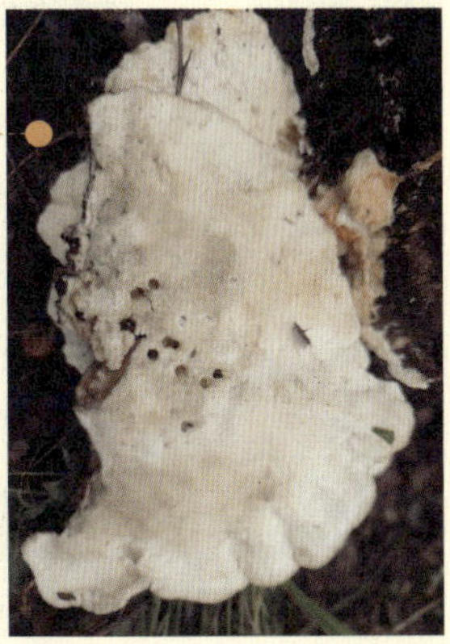

用途

研究，教学。

72 新粗毛革耳

Panus neostrigosus Drechsler-Santos & Wartchow

多孔菌目 Polyporales | 革耳科 Panaceae | 革耳属 *Panus*

形态特征

子实体初期肉质，后变为强韧革质。菌盖扁平，后为漏斗形，直径 5~10cm；盖面初时有细毛，很快消失，往往粗糙。菌肉白色，韧，后变为木栓质。菌褶延生，较密至稀疏，褶缘平坦。菌柄偏生，偶有侧生，短，长 2~3cm，直径 1~2.5cm，紫色，有灰色软毛，强韧，中实。

生境时期

夏秋两季生于杨、柳、桦等阔叶林的切株及腐木、枯立木、倒木或伐桩上。

用途

幼时可食用。

73 二年残孔菌

Abortiporus biennis (Bull.) Singer

多孔菌目 Polyporales | 柄杯菌科 Podoscyphaceae | 残孔菌属 *Abortiporus*

形态特征

担子果一年生。菌盖半圆形到近圆形，（3~7）cm×（3~12）cm，厚3~15mm，表面米黄色。菌肉白色，厚2~6mm。菌丝系统一体型；生殖菌丝透明，薄壁到厚壁。菌肉中有许多厚垣孢子，平滑，近球形，直径7~9μm。胶囊状体不规则形，担孢子宽椭圆形到近球形，透明、平滑，（4.5~6.5）μm×（3.5~5）μm。

生境时期

生于栎、枫杨及苹果等许多种类的阔叶树上或地下埋有腐木的地上。稀生于针叶树上，造成木材白色腐朽。

用途

药用。此外，该菌在染料合成、工业脱色、重金属及异生物素消除等方面也具有较大的开发潜力。

74 黄斑蘑菇

Agaricus xanthodermus Genev.

伞菌目 Agaricales | 伞菌科 Agaricaceae | 蘑菇属 *Agaricus*

形态特征

菌盖初时呈凸镜形或近方形，后渐平展。表面呈污白色，中央带淡棕色，光滑。边缘内卷，呈浅黄色。菌肉呈白色。菌褶呈淡粉色至黑褐色，较密，离生。菌柄圆柱形，近基部膨大，白色，光滑，幼时实心，成熟后空心，基部球形膨大处呈黄色。菌环中上位，膜质。

生境时期

夏秋季在林中地上或草原上单生或群生。

用途

有毒，含胃肠道刺激物，食后引起头痛及腹泻等病症。

75 番红花蘑菇（硫色蘑菇）

Agaricus trisulphuratus Berk.

伞菌目	伞菌科	蘑菇属
Agaricales	Agaricaceae	*Agaricus*

形态特征

菌盖初期近球形至半球形，成熟后近平展，具有红色长绒毛或丛毛状鳞片，边缘有菌幕残片。菌肉近柄处呈白色或污白色，后呈淡黄色。菌褶呈白色或淡黄色，排列密集且长短不一，菌柄长 2~5cm、直径 0.3~0.6cm，颜色与菌褶相似，呈白色或淡黄色，成熟后空心，覆有与菌盖同色的长绒毛。菌环上位，不典型，为外菌幕残余物，与菌盖鳞片同质。

生境时期

夏秋季生于林中地上，单生或散生。

用途

记载有毒，食后引起胃肠炎型中毒。

76	双孢蘑菇 *Agaricus bisporus* (J.E. Lange) Imbach	伞菌目 Agaricales	伞菌科 Agaricaceae	蘑菇属 *Agaricus*

形态特征

菌盖近半球形至凸镜形。边缘常内卷。近白色至淡褐色，渐变淡黄色至黄褐色。有平伏纤毛，有鳞片，空气干燥环境下常有粗裂纹。菌肉呈白色，伤后变淡红色。菌褶初呈粉红色，渐变褐色至黑褐色，离生，不等长。菌柄近圆柱形，白色。菌环单层，上位至中位，白色，膜质，易脱落。

生境时期

散生至近群生于草地、林地、田野、公路等处。

用途

食用，国内已普遍栽培。

77 麻脸蘑菇

Agaricus urinascens (Jul. Schäff. & F.H. Møller) Singer

伞菌目	伞菌科	蘑菇属
Agaricales	Agaricaceae	*Agaricus*

形态特征

子实体大。菌盖初呈球形、扁半球形，后平展，淡黄色，具平伏的褐色细鳞片，形似麻点。菌肉呈白色，厚。菌褶近白色，离生，不等长。菌柄呈白色，具淡黄色细鳞片，菌环单层，白色，不易脱落。

生境时期

春至秋季于草原上单生或群生。

用途

食用，味道较好，其中的化学成分尚不明确。

78 细丛卷毛柄蘑菇

Agaricus flocculosipes R.L. Zhao, Desjardin, Guinb. & K.D. Hyde

伞菌目 *Agaricales*　伞菌科 *Agaricaceae*　蘑菇属 *Agaricus*

形态特征

菌盖表面干燥，棕色，被有细小的纤维状鳞片；菌盖直径 160mm，初期圆锥形至宽圆锥形，后渐平展，菌肉白色，肉质、厚 8mm。菌褶离生，密，有 8 种不同长度的菌褶，宽 8mm，初期白色至粉红色，后变深棕色。菌柄长 140mm，近菌盖直径 15mm，近基部直径 25mm，长圆柱形，基部明显球状膨大，中空。菌柄菌肉白色，近表层部分稍带赭色。表面干燥，白色，被有明显竖立絮状、锥状丛毛或直立的鳞片。菌环膜质，单菌环，下垂，上表面光滑，下表面带有白色絮状鳞片或疣突。气味芬芳，带有苦杏仁味。触摸及受伤后颜色变化不明显。

生境时期

单生或散生于森林、草地上。

用途

食用。

79	球基蘑菇 *Agaricus abruptibulbus* Peck	伞菌目 Agaricales	伞菌科 Agaricaceae	蘑菇属 *Agaricus*

形态特征

菌盖直径 4~12cm，初期近卵形、扁半球形，后期近扁平，中部有宽的突起，表面呈白色至浅黄白色，平滑或似有丝光，触摸处呈污黄色，边缘附有菌幕残片。菌肉厚，白色或带微黄色。菌褶离生，初期呈污白至粉灰红色，后呈紫黑褐色，密，不等长。菌环膜质，白色，其下面呈放射状排列的棉状絮状物，生柄之上部。菌柄近圆柱形，稍弯曲，白色，触摸处呈污黄色，光滑，长 5~18cm，粗 1~2.5cm，中空，基部明显膨大近球形。孢子光滑，椭圆至宽椭圆或近卵圆形，褐黑色。

生境时期

夏至秋季生于混交林地或林缘草地，群生或散生。

用途

食用。

80	野蘑菇 *Agaricus arvensis* Schaeff.	伞菌目 Agaricales	伞菌科 Agaricaceae	蘑菇属 *Agaricus*

形态特征

菌盖扇形至圆形，单个菌盖外伸可达 8cm，宽可达 9cm，基部厚约 10mm，表面被细绒毛，后呈灰黑褐色，边缘锐，干后内卷。孔口表面新鲜时呈浅黄色至酒红褐色，手触后变黑，干后呈浅灰褐色。管口边缘薄，撕裂状。菌肉异质，靠近菌盖部分呈浅咖啡色，靠近菌管部分为木栓质，浅木材色，厚约 5mm。菌管呈浅木材色，长约 5mm。

生境时期

春至秋季于林中、林缘、草地等处单生，常形成蘑菇圈。

用途

食用。

81 假根蘑菇 *Agaricus bresadolanus* Bohus

伞菌目 Agaricales | 伞菌科 Agaricaceae | 蘑菇属 *Agaricus*

形态特征

子实体小或中等大。菌盖宽4.5~8.5cm，污白色，初半球形，后平展，中部有黄褐色或浅褐色的平伏鳞片，向外渐稀少。菌肉呈白色，较厚，伤处稍变暗红色。菌褶初期呈白色、粉红色，后渐变为褐色到黑褐色，较密，离生，不等长。菌柄长5~7cm，直径0.6~1mm，白色。菌环以下具白色鳞片，渐变褐色，后期脱落。基部膨大，具短小假根，伤后变浅黄色。菌环单层，上位，白色，膜质，较易脱落。担孢子（6.5~8）μm×（4.5~5.5）μm，椭圆形，光滑，褐色。

生境时期

秋季于林中地上单生或散生。

用途

食用，也有资料记载食后可引起轻微的腹痛或腹泻。

82	林地蘑菇 *Agaricus silvicolae*-similis Bohus & Locsm á ndi	伞菌目 Agaricales	伞菌科 Agaricaceae	蘑菇属 *Agaricus*

形态特征

子实体中等或稍大，菌盖直径 5~12cm，扁半球形，逐渐伸展，近白色，中部覆有淡褐色或红褐色鳞片，向外渐稀，干燥时边缘呈辐射状裂开。菌肉白色，较薄。菌褶初期白色，渐变粉红色，后期栗褐色到黑褐色，稠密，离生，不等长。菌柄长 6~12cm，粗 0.8~1.6cm，白色，菌环以下有白色纤毛状鳞片，填充到中空，基部略膨大，伤后变污黄色，菌环单层，白色，膜质，生菌柄上部或中部，易脱落。

生境时期

夏秋季单个或成群生长于针叶或阔叶林中地上。

用途

食用。

83 赭鳞蘑菇 *Agaricus subrufescens* Peck

伞菌目 Agaricales | 伞菌科 Agaricaceae | 蘑菇属 *Agaricus*

形态特征

子实体中等或较大。菌盖薄，直径 4~10（15）cm，扁半球形，后稍平展，浅朽叶色至朽叶色，密被绒毛状反卷的鳞片。菌肉薄，浅褐色。菌柄近圆柱形，向下渐粗，空心，长 5~15cm，粗 0.8~1.5cm，菌环以下同盖色，具鳞片。菌褶离生，密，暗紫褐色，不等长。孢子椭圆形，光滑，紫褐色，（6.5~7）μm×（4~5）μm。

生境时期

秋季生林中地上，单生、群生或近丛生。

用途

食用。

84	细褐鳞蘑菇 *Agaricus moelleri* Wasser	伞菌目 Agaricales	伞菌科 Agaricaceae	蘑菇属 *Agaricus*

形态特征

子实体中等至较大。菌盖 5~10cm 宽，从凸状到平坦，表面污白色，菌肉呈白色，稍厚。菌褶较密，不等长。菌柄呈圆柱形，从白色到黄色。菌环薄膜质，双层，白色。孢子印为棕色。

生境时期

夏秋季生于杨树林等阔叶林地上，群生或单生。

用途

不明。

85	双环林地蘑菇 *Agaricus placomyces* Peck	伞菌目 Agaricales	伞菌科 Agaricaceae	蘑菇属 *Agaricus*

形态特征

菌盖6~14cm，凸起，肉质，平滑，白色。菌肉呈白色，菌褶密，不等长。菌柄长4~10cm，直径0.4~1.5cm，相等，或基部略微膨大，圆柱形，白色，中空。菌环肥厚，双层。孢子平滑，紫褐色，广椭圆形，孢子印黑褐色。

生境时期

夏秋生于各种林地、草地、空地上，单生或群生。

用途

食用。

86	雀斑蘑菇 *Agaricus micromegethus* Peck	伞菌目 Agaricales	伞菌科 Agaricaceae	蘑菇属 *Agaricus*

形态特征

子实体小或中等大。菌盖直径2~8cm，初期扁半球形，后平展，白色，具浅棕灰色至浅灰褐色纤毛状鳞片，中部色深，老时边缘开裂。菌肉污白色，伤处不变色。菌褶初期污白色，后渐变粉色、紫褐至黑褐色，稠密，离生，不等长。菌柄长2~6cm，直径0.7~1cm，圆柱形而向上渐细，基部有时膨大。菌环单层，白色，膜质，生柄之上部，易脱落。

生境时期

秋季生草地或林中草地上，单生或群生。

用途

食用。

87 拟草地蘑菇

Agaricus pseudopratensis (Bohus) Bohus

伞菌目	伞菌科	蘑菇属
Agaricales	*Agaricaceae*	*Agaricus*

形态特征

菌盖直径 3.6~7.3cm，幼时半球形，成熟后平展，两端上翘，边缘光滑，中央偶龟裂，白色至污白色，中央稍带浅褐色。菌肉厚 0.2~0.4cm，白色。菌褶高 0.3~0.65cm，较密，不等长，初期白色，渐变浅褐色，后期黑褐色。菌柄长 4.5~5.0cm，直径 0.5~1.0cm，圆柱状，向下渐粗，具假根，实心，具有白色细纤毛状鳞片，环以下触摸变浅黄色，内部切开后呈柠檬黄色。菌环双层，菌柄中部或稍偏中上部，不易脱落，上表面棱纹光滑，下表面轮状开裂，边缘光滑，白色。

生境时期

夏季生于针叶林或混交林中，群生。

用途

食用。

88	蒂氏蘑菇 *Agaricus thiersii* Kerrigan & Vellinga	伞菌目 Agaricales	伞菌科 Agaricaceae	蘑菇属 *Agaricus*

形态特征

菌盖宽 5~12cm，半球形至平展，白色至污白色，边缘平滑内卷。菌肉白色或乳白色，较薄。

生境时期

多在春、夏、秋三季生于草地、牧场和堆肥处。

用途

食用。

89 亚脐突蘑菇

Agaricus subumbonatus R.L. Zhao & B. Cao

伞菌目	伞菌科	蘑菇属
Agaricales	Agaricaceae	*Agaricus*

形态特征

子实体在新鲜时有深红色的菌盖，干燥，菌褶是黄色有棱角的细小的孔，小孔会随蘑菇的成熟变成棕褐色。菌柄支撑起一个灰色的柔软的环，并覆盖着特有的柔软的绒毛和鳞片。

生境时期

其子实体生长于地面，从初夏到秋天都可出现。

用途

食用。

90	中国林地双环蘑菇 *Agaricus sinoplacomyces* P. Callac & R.L. Zhao	伞菌目 Agaricales	伞菌科 Agaricaceae	蘑菇属 *Agaricus*

形态特征

菌盖直径 40~100mm，圆锥形，成熟时，有时具一凹陷的中心；表面覆盖纤维状鳞片，鳞片向边缘分裂成小鳞片，通常呈粉末状，有时在阳光照射后变得不规则或泥裂，中心呈深棕色至几乎黑色；边缘直时新鲜，干燥后弯曲。菌褶幼时呈粉红色至粉棕色，成熟后变为深棕色，具有完整的边缘；具有突然的球根状基部的圆柱形；表面白色光滑。菌环直径 15~30mm。

生境时期

单生或分散于开阔的树木下。

用途

不明。

91	大青褶伞 *Chlorophyllum molybdites* (G. Mey.) Massee	伞菌目 Agaricales	伞菌科 Agaricaceae	青褶伞属 *Chlorophyllum*

形态特征

子实体大，白色。菌盖直径 5~25（30）cm，呈半球形或扁半球形，后期近平展，中部稍凸起，幼时表皮呈暗褐色或浅褐色，逐渐裂为鳞片，顶部鳞片大而厚，呈褐紫色，边缘渐少或脱落，菌盖部菌肉呈白色或浅粉红色，松软。

生境时期

夏秋季生林中或林缘草地上，群生或散生。多生长于野外。

用途

剧毒。

92	变红青褶伞 *Chlorophyllum alborubescens* (Hongo) Vellinga	伞菌目 Agaricales	伞菌科 Agaricaceae	青褶伞属 *Chlorophyllum*

形态特征

菌盖平展、中央凸起，直径4~7cm，具有黄褐色鳞片；菌肉呈白色，菌褶呈白色至淡黄色；菌柄长3~6cm，圆柱形、空心，基部膨大，伤后变红色；担孢子宽椭圆形至卵圆形，光滑，无色至淡黄色。

生境时期

夏秋季散生或群生于菜园或路边地上。

用途

有毒。

93	毛头鬼伞 *Coprinus comatus* (O.F. Müll.) Pers.	伞菌目 Agaricales	伞菌科 Agaricaceae	鬼伞属 *Coprinus*

形态特征

子实体较大。菌盖不完全展开，直径 3~6cm，高 6~11cm，人工栽培时最大可达 25cm，圆筒形至钟形，表皮呈淡土黄色，易裂成羽毛状鳞片；菌肉、菌褶呈白色，开伞后菌肉与菌褶自溶成墨汁状液体。菌柄长 7~25cm，直径 1~4cm，白色，光滑，向下渐粗，呈鸡腿状。菌环呈白色，膜质，易消失。孢子（11~17）μm×（7~9）μm，黑色，光滑，椭圆形。

生境时期

春季至秋季生于阔叶林中的草地、田野、林缘、道旁、公园等处。

用途

食用。

94 褐鳞环柄菇

Lepiota helveola sensu Rea

伞菌目	伞菌科	环柄菇属
Agaricales	Agaricaceae	*Lepiota*

形态特征

子实体小。菌盖表面有褐色小鳞片，具菌环且无菌托。菌盖初期扁半球形，开伞后平展，中部稍凸起，直径 1~4cm。表面密被红褐色或褐色小鳞片，尤其中部较多，往往呈环带状排列。菌肉白色。菌褶白色或带污黄，离生，较密，不等长。菌柄细弱，长 2~6cm，直径 0.3~0.7cm，白色稍带粉红色，内部空心，基部稍膨大。菌环白色，小而易脱落，生柄之上部。孢子印白色。孢子无色，光滑，椭圆形，（5~9）μm×（3.5~5）μm。

生境时期

春至秋季多在林中、林缘草地上单生或群生。

用途

有毒。

95	肉褐鳞环柄菇 *Lepiota brunneoincarnata* Chodat & C. Martín	伞菌目 Agaricales	伞菌科 Agaricaceae	环柄菇属 *Lepiota*

形态特征

子实体小，带浅肉粉红色。菌盖呈褐红色或暗紫褐色鳞片。无菌托且有菌环。幼时菌盖半球形，开伞后平展，直径 2~4cm，中部鳞片密集色深，边缘有短条棱。菌肉呈粉白色，近表皮处带肉粉色。菌褶白又带粉色，离生，稍密，不等长，受伤变暗红色。菌柄长 3~6cm，直径 0.3~0.7cm，同盖色，菌环以下具环带状排列的小鳞片，内部松软至空心。

生境时期

夏秋季于林下、路边、房屋周围的草地上均可生长，一般群生，有时单生。

用途

有毒。

96 剧毒环柄菇

Lepiota venenata Zhu L. Yang & Z.H. Chen

伞菌目	伞菌科	环柄菇属
Agaricales	Agaricaceae	*Lepiota*

形态特征

菌盖表面被褐色至近红褐色，略反卷的鳞片。菌褶离生，白色。菌环容易脱落，担孢子较小，长椭圆形，偶椭圆形或圆柱形。褶缘囊状体窄棒状。盖表鳞片末端细胞窄披针状（整体细长，下部略宽，上部渐变窄）或近圆柱形。

生境时期

单生或散生于阔叶树、针叶树或针阔混交林地上或地面落叶层上。

用途

有毒。

97 冠状环柄菇 *Lepiota cristata* (Bolton) P. Kumm.

伞菌目 Agaricales | 伞菌科 Agaricaceae | 环柄菇属 *Lepiota*

形态特征

子实体小而细弱。菌盖直径 2~4cm，白色，中部至边缘有红褐色鳞片，边沿近齿状。菌肉白色，薄。菌褶白色，密，离生，不等长。菌柄细长，柱形，长 3~6cm，直径 0.2~0.6cm，空心，表面光滑，基部稍膨大。孢子印白色。孢子无色，光滑，卵圆、椭圆、长椭圆形，或近似角形，（5.5~8）μm×（3~4.5）μm。有褶缘囊体。

生境时期

夏季至秋季在林中腐叶层、草丛或苔藓间群生或单生。

用途

有毒。

98	拟冠状环柄菇 *Lepiota cristatanea* J.F. Liang & Zhu L. Yang	伞菌目 Agaricales	伞菌科 Agaricaceae	环柄菇属 *Lepiota*

形态特征

菌盖直径 1.5~4.5cm，初期近钟形或近圆锥形，后期渐平展，中央凸起；表面白色至污白色，被红褐色至褐色鳞片。菌肉白色。菌褶离生，密，奶油色至白色。菌柄长 3~7cm，直径 0.2~0.5cm，近圆柱状，浅红褐色至红褐色，近光滑，中空，基部稍膨大，伤后常变土红褐色；菌环上位，膜质，易脱落。担子（13~18）μm×（5~7）μm，棒状，4 孢，（4~6）μm×（2.5~3）μm。

生境时期

腐生，群生，偶尔会单独出现在林地，有时生于潮湿、阴凉的花园里。

用途

有毒。

99	红褐环柄菇 *Lepiota rubrotincta* Peck	伞菌目 Agaricales	伞菌科 Agaricaceae	环柄菇属 *Lepiota*

形态特征

菌盖直径 3~6cm，表皮呈红褐色、砖红色至暗红褐色，径向撕裂而形成鳞片。菌肉薄，膜质至肉质，白色。菌褶离生，密，有短褶，白色。菌柄长 3~10cm，直径 0.5~1cm，近等粗，或基部膨大，光滑，近圆柱形，表面呈白色，上部具有白色菌环，膜质，白色。

生境时期

夏末秋初时生长在腐殖质上或树下，落叶或针叶林。

用途

不明。

100	鳞白环蘑 *Leucoagaricus leucothites* (Vittad.) Wasser	伞菌目 Agaricales	伞菌科 Agaricaceae	白环蘑属 *Leucoagaricus*

形态特征

菌盖 5~9cm，凸起或不规则凸起，变为宽凸、宽钟形或近平坦。菌柄细小或中度鳞屑，尤其是在早期，但随着菌龄的增长，往往会秃顶。新鲜时呈白色或灰白色，有时染色和瘀伤呈淡黄色至褐色，尤其是边缘。茎上有一个白色的环，相当持久，但可能会脱落；切片时不变色，茎基部染成淡黄色。

生境时期

腐生，夏末至秋季（但有时在春季发现）单生或群生在草地或受干扰的地面上。通常在针叶树附近，偶尔出现在树林里。

用途

可能有毒。

101 纯黄白鬼伞

Leucocoprinus birnbaumii (Corda) Singer

伞菌目 Agaricales | 伞菌科 Agaricaceae | 白鬼伞属 *Leucocoprinus*

形态特征

子实体较小，柠檬黄色。菌盖直径 2~5cm，初期呈钟形或斗笠形，后期稍平展，表面有一层柠檬黄色粉末，边缘具细长条棱。菌肉黄白色，薄，质脆。菌褶淡黄至白黄色，离生，不等长，稍密，边缘粗糙。菌柄细长，向下渐粗，长 4~8cm，直径 0.2~0.5cm，表面被一层柠檬黄色粉末，内部空心，质脆。菌环膜质，薄，生柄之上部，易脱落。孢子印白色。孢子光滑，近卵圆形，无色，(9~10) μm×(5~8.5) μm。褶缘囊体薄壁，近纺锤形，(30~50) μm×(10.5~13) μm。

生境时期

夏秋季在林地、道旁、田野等地上散生或群生。

用途

有毒。

102 白垩白鬼伞

Leucocoprinus cretaceus (Bull.) Locq.

伞菌目 Agaricales | 伞菌科 Agaricaceae | 白鬼伞属 *Leucocoprinus*

形态特征

菌盖直径 2~8cm，起初为卵球形，后凸至宽圆锥形，成熟时中心有脐，白色，表面有颗粒状至絮状的鳞片，边缘全缘，具细密的辐射状条纹。菌褶为离生，白色，膜质，宽 2~4mm。菌柄长 3~8cm，直径 5~10mm，圆柱形，向基部膨胀呈纺锤形，白色，近无毛。菌环中上位，膜质，白色，易脱落。菌肉为白色。

生境时期

散生或群生于公园或林中地面上，主要在夏秋季生长。

用途

有毒。

103 黄褶大环柄菇 *Macrolepiota subcitrophylla* Z.W. Ge

伞菌目	伞菌科	大环柄菇属
Agaricales	Agaricaceae	*Macrolepiota*

形态特征

菌盖直径 7~12cm，近白色，覆浅褐黄色至淡褐色、淡褐色或浅红褐色的片状鳞片。菌肉肉质，白色。菌褶浅黄色至奶油色。菌柄长 10~14cm，直径 1~1.6cm，圆柱形，密被淡黄色细鳞，基部膨大呈近球形至近平截状。菌环上位，膜质。担孢子（9.5~11.5）μm×（6.5~7.5）μm，侧面呈卵状椭圆形至近杏仁形，光滑，顶部具有盖芽孔，无色，拟糊精质。盖表鳞片由呈栅状排列的细胞组成。

生境时期

夏秋季单生或散生于针叶林缘地上。

用途

食用。

104	高大环柄菇 *Macrolepiota procera* (Scop.) Singer	伞菌目 Agaricales	伞菌科 Agaricaceae	大环柄菇属 *Macrolepiota*

形态特征

子实体较大，高 30~40cm，近白色。菌盖直径约 8.5cm，上覆有棕褐色鳞片，呈同心圆状排列，中央乳头状凸起，呈褐色。菌柄中生，长 8.2cm，直径 0.8cm，呈棕黄色，较细长，较韧，上有双层移动菌环。菌褶近白色，不等长，靠外缘处曲折，其余部分平直，离生，孢子印呈白色。

生境时期

生长在树林或其边缘，或牧场上。

用途

食用。

105 砖红小蘑菇

Micropsalliota lateritia Heinem.

伞菌目 Agaricales | 伞菌科 Agaricaceae | 小蘑菇属 *Micropsalliota*

形态特征

子实体小，呈紫褐色。菌盖表面覆盖丛毛状小鳞片；菌褶离生，不等长；菌柄圆柱形，紫红色，菌环膜质，易脱落；孢子椭圆形，无萌发孔，(5.2~5.8) μm×(3.5~3.8) μm；缘囊体棍棒状或近头状，侧囊体缺；菌盖皮层菌丝有色素。

生境时期

在林中地上、路边经常出现。

用途

不明。

106 假灰托鹅膏 *Amanita pseudovaginata* Hongo

伞菌目 Agaricales | 鹅膏菌科 Amanitaceae | 鹅膏菌属 *Amanita*

形态特征

菌盖呈圆柱形或钟形，直径3~10cm，表面光滑，初期呈灰褐色，成熟后变成浅灰色。菌柄长3~10cm，直径0.5~2cm，呈圆柱形，呈白色或浅灰色，表面光滑，无绒毛。

生境时期

主要在春季和夏季生长在针叶林或阔叶林中地上，特别是松、云杉等针叶树枯枝落叶层上，单生或散生。

用途

有毒。

107 格纹鹅膏

Amanita fritillaria (Sacc.) Sacc.

伞菌目 Agaricales | 鹅膏菌科 Amanitaceae | 鹅膏菌属 *Amanita*

形态特征

菌盖直径 4~10（12）cm，初期近半球形，后扁平至平展，浅灰色、褐灰色至浅褐色，中部色较深，具辐射状隐生纤丝花纹。菌肉呈白色，不变色。菌褶离生至近离生，白色，较密，不等长。菌柄长 5~10cm，直径 0.6~1cm，近圆柱形或向上稍变细，白色至污白色，内部实心至松软，呈白色，不变色；基部膨大呈近球状、陀螺状至梭形，直径 1~2.5（3）cm。有菌环。孢子无色，担孢子（7.0~9.0）μm×（5.5~7.0）μm，宽椭圆形至椭圆形，淀粉质。

生境时期

夏季散生于马尾松林中地上。

用途

可食。

108 白橙盖鹅膏菌 *Amanita caesarea* (Scop.) Pers.

伞菌目 Agaricales | 鹅膏菌科 Amanitaceae | 鹅膏菌属 *Amanita*

形态特征

子实体白色，大型。菌盖直径 7~20cm，初期卵圆形至钟形，后渐平展，白色至乳白色，往往中部凸起并带淡土黄色，光滑，边缘具明显条纹。菌肉白色至乳白色。菌褶白色，宽，稍密，离生，不等长。菌柄圆柱形，长 8~18cm，直径 1~2cm，白色，光滑或具纤毛状鳞片，内部松软至空心。菌环生柄上部，白色，下垂，上面有细条纹，易脱落。菌托大，呈苞状，有时破裂成片附着在菌盖表面。孢子印白色。孢子无色，光滑，宽椭圆形至卵圆形，（11~126）μm×（8.7~10）μm，非糊性反应。

生境时期

夏秋季在林中地上单生、散生或群生。

用途

食用。

109	灰鹅膏菌 *Amanita vaginata* (Bull.) Lam.	伞菌目 Agaricales	鹅膏菌科 Amanitaceae	鹅膏菌属 *Amanita*

形态特征

子实体中等或较大，瓦灰色或灰褐色至鼠灰色，无菌环，但具有白色较大的菌托。菌盖直径 3~14cm，初期近卵圆形，开伞后近平展，中部凸起，边缘有明显的长条棱，湿润时黏，表面有时附着菌托残片。菌肉白色。菌褶白色至污白色，离生，稍密，不等长。菌柄细长，圆柱形，向下渐粗，长 7~17cm，直径 0.5~2.4cm，污白或带灰色。菌托呈袋状或苞状。孢子无色，球形至近球形，光滑,（8.8~12.5）μm×（7.3~10）μm，非糊性反应。

生境时期

春至秋季在针叶、阔叶或混交林中地上单生或散生，往往数量多。

用途

不明。

110 黄盖鹅膏 *Amanita subjunquillea* S. Imai

伞菌目 Agaricales | 鹅膏菌科 Amanitaceae | 鹅膏菌属 *Amanita*

形态特征

子实体伞状，中等大。菌盖初期近球形或半球形，后期近平展，直径3~10cm，黄色或污黄色，表面光滑或附有污白色不规则的小鳞片，湿润时黏，边缘具条纹。菌肉白黄色。菌褶离生，较密，不等长，白色带黄色。菌柄近圆柱形，长7~14cm，粗0.8~1cm，白色带奶油黄色，靠近基部膨大成近球形，表面光滑或稍有鳞片。菌环生在菌柄的上部，白色或黄色，膜质，易消失。外菌幕破裂后成小鳞片附于菌盖表面或菌柄基部，或在菌柄基部形成领口状菌托。担孢子宽椭圆形，(8.7~11)μm×(3.5~5.5)μm，无色，表面光滑，孢子印白色。

生境时期

夏秋季在针阔混交林中地上单独生长或成群生长，并与树木形成菌根。

用途

有毒。

111 赭盖鹅膏

Amanita rubescens Pers.

伞菌目	鹅膏菌科	鹅膏菌属
Agaricales	Amanitaceae	*Amanita*

形态特征

子实体中等大。菌盖直径 3.5~8cm，扁半球形至平展，浅土黄色或浅红褐色，具块状和近疣状鳞片，边缘有不明显的条纹。菌肉呈白色，后变红褐色，薄。菌褶呈白色至近白色，渐变红褐色，离生，稍密，不等长。菌柄圆柱形，长 6~12cm，直径 0.5~1cm，同菌盖色，具纤毛状鳞片，内部松软变至空心，菌柄上部有花纹，基部膨大。菌环生菌柄的上部，膜质，下垂，上面白色，下面灰褐色，易脱落。菌托由灰褐色絮状鳞片组成。孢子印白色。孢子无色，宽椭圆形至近卵圆形，(8.3~9.3) μm×(6.2~7) μm，糊性反应。

生境时期

夏秋季在林中地上单生或散生。

用途

不明。

112	角鳞灰鹅膏菌 *Amanita spissacea* S. Imai	伞菌目 Agaricales	鹅膏菌科 Amanitaceae	鹅膏菌属 *Amanita*

形态特征

子实体中等大，全体灰色至灰褐色。菌盖直径可达3~11cm，湿时稍黏，边缘平滑或有不明显的条棱，菌盖表面具有黑褐色角锥状或颗粒状鳞片，往往有规律地密集一起呈环带状分布。菌肉白色。菌褶白色，离生，较密，不等长。菌柄长4~10cm，粗1~2cm，顶部色深而菌环以下灰色并有深灰色花纹及鳞片，基部膨大。菌托由4~7圈黑褐色颗粒状鳞片组成。菌环生菌柄上部，膜质，上面白色而下面灰色，边缘灰黑色。孢子印白色。孢子无色，平滑，宽椭圆形，(7.5~8.9) μm×(5.6~7.6) μm，糊性反应。

生境时期

春至秋季在马尾松或针阔混交林中地上单生或群生。

用途

有毒。

113 凸顶红黄鹅膏

Amanita rubroflava Y.Y. Cui, Q. Cai & Zhu L.Yang

伞菌目 Agaricales | 鹅膏菌科 Amanitaceae | 鹅膏菌属 *Amanita*

形态特征

菌盖直径 8~10cm，扁半球形至平展，中央凸起，表面中部猩红色至橘红色，至边缘逐渐变为黄色，盖缘有长沟纹。菌褶淡黄色至硫黄色，短菌褶近菌柄端多平截，褶缘黄色。菌柄长 15~20cm，直径 1.5~3cm，淡黄色至硫黄色，被黄色至橘红色不规则蛇皮纹状鳞片，中空。菌幕残余袋状，高 5~7cm，直径 3~5cm，白色至污白色。担子（35~48）μm×（10~12）μm，棒状，具 4 个小梗。担孢子宽椭圆形，稀椭圆形或近球形，非淀粉质。菌环主要由近辐射状排列的菌丝构成，其间夹杂有个别膨大细胞。锁状联合常见。

生境时期

夏季和秋季单生、散生或群生于阔叶林下或林缘。

用途

食用。

114

欧氏鹅膏

Amanita oberwinklerana Zhu L. Yang & Yoshim.

伞菌目 Agaricales	鹅膏菌科 Amanitaceae	鹅膏菌属 *Amanita*

形态特征

米白色，光滑，有时有 1~3 大片白色、膜质菌幕残余；菌盖边缘罕有菌环残余，无沟纹（成熟时偶尔有不明显的沟纹）。菌褶白色，老时米色至淡黄色；短菌褶近菌柄端渐窄。菌柄长 5~9cm，直径 0.5~1.5cm，白色，常被白色反卷纤毛状或绒毛状鳞片；菌环上位，白色。菌柄基部腹鼓状至白萝卜状，直径 1~2cm。

生境时期

春夏秋季生于壳斗科林地上或以壳斗科和松科为主混交林地上。

用途

有毒，是我国造成急性肾衰竭型蘑菇中毒中最常见的剧毒物种。

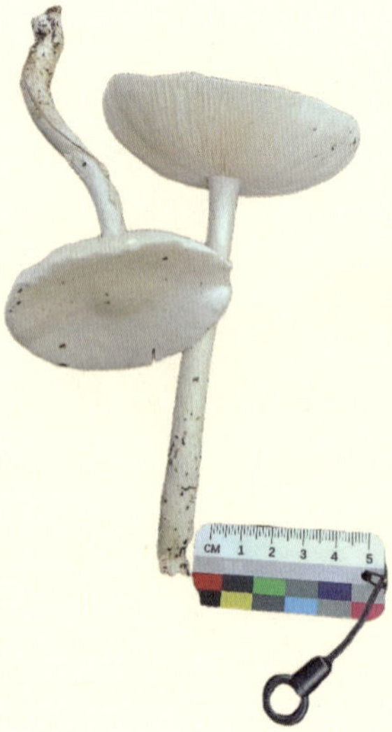

115 拟卵盖鹅膏

Amanita neoovoidea Hongo

伞菌目 Agaricales | 鹅膏菌科 Amanitaceae | 鹅膏菌属 *Amanita*

形态特征

子实体中等至较大，白色。菌盖初期近卵形至钟形，后期渐变成扁半球形，表面附有大块污白色外菌幕残片，边缘无条棱。菌肉白色。菌褶离生，白色，不等长，稍密。菌柄呈柱形，白色，表面有粉状或短纤毛鳞片，基部稍膨大，内部松软。菌环白色，膜质，生柄之上部，易破碎、脱落。菌托白色，近苞状。

生境时期

夏秋季生于林中地上。

用途

有毒。

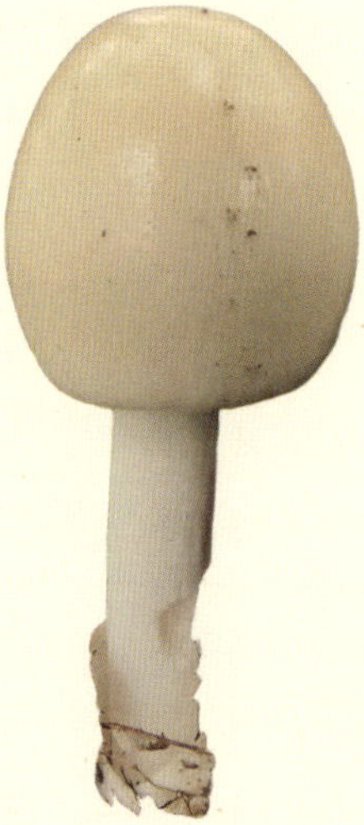

116

淡玫瑰红鹅膏

Amanita pallidorosea P. Zhang & Zhu L. Yang

伞菌目	鹅膏菌科	鹅膏菌属
Agaricales	Amanitaceae	*Amanita*

形态特征

菌盖直径 4~11cm，初期呈斗笠形，后期渐平展，中央略凸起，初期边缘呈白色，中间呈淡玫瑰红色，后期呈白色略带粉红色，有辐射状细条纹。菌肉白色，伤后不变色。菌褶弯生，密，不等长，白色。菌柄长 8~15cm，直径 0.6~1.2cm，近圆柱形，上部渐细，白色，有细小的纤维状鳞片，基部膨大。菌环上位，白色，膜质。菌托袋状，白色，不易脱落。担孢子（6~10）μm×（6~9）μm，球形或近球形，光滑，无色，淀粉质。

生境时期

常常生长在常绿乔木和桉树林。

用途

有毒：所含毒素：引起神经精神症状的毒素、具有原浆毒作用的毒素、具有溶血作用的毒素。

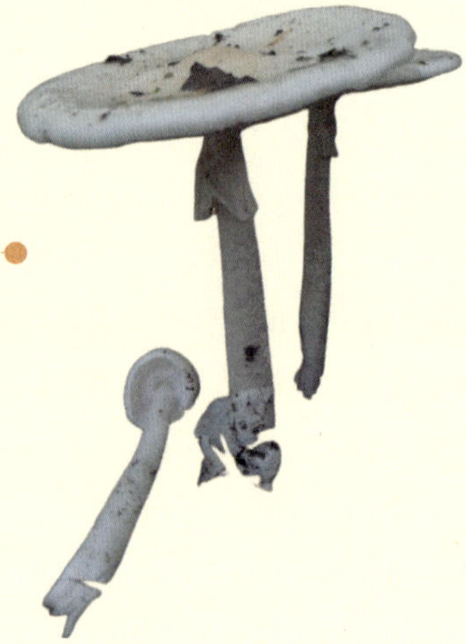

117 锥鳞白鹅膏 *Amanita virgineoides* Bas

伞菌目	鹅膏菌科	鹅膏菌属
Agaricales	Amanitaceae	*Amanita*

形态特征

子实体呈白色。菌盖半球形至近平展，有角锥状鳞片，中部鳞片稍多，易脱落。幼时边缘向内卷曲。湿润时表面稍黏。菌肉呈白色，中部较厚，伤处不变色，菌褶呈白色。后期稍带黄色，不等长，边缘似粉状。菌柄较粗，基部近棒状且有锥状及反卷的鳞片。内部实心，近纤维质。菌环生柄之上部，膜质，上表面似有条纹，而下表面有角锥状小鳞片。菌环往往破碎后悬挂于盖缘或残存于菌柄上。

生境时期

夏秋季生于针叶林或针阔混交林中地上。

用途

有毒。

118 假黄盖鹅膏 *Amanita pseudogemmata* Hongo

伞菌目 Agaricales | 鹅膏菌科 Amanitaceae | 鹅膏菌属 *Amanita*

形态特征

菌盖幼时近球形或半球形，成熟后近平展，黄色或污黄色，中部色稍深，被白色、污白色、淡黄色的块状、碎片状、疣状鳞片，边缘有短沟纹。菌褶稍密，白色、米黄色。菌柄米色至白色，靠近基底部膨大近球形，被有白色至淡黄色碎片状、疣状鳞片。菌环（裙）位于中上部，白色，薄膜状，易脱落。

生境时期

在针叶林、阔叶林或针阔混交林地上散生。

用途

有毒。

119	灰褶鹅膏 *Amanita griseofolia* Zhu L. Yang	伞菌目 Agaricales	鹅膏菌科 Amanitaceae	鹅膏菌属 *Amanita*

形态特征

菌盖直径 5~15cm，中部凸起，红褐色至褐色，光滑，边缘有长纹。菌肉白色、污白色至米黄色。菌褶离生，白色至米色，较密，不等长。菌柄（8~20）cm×（0.5~3）cm，污白色至浅褐色。菌幕残片袋状。孢子（6.5~9.5）μm×（5.5~8.5）μm，球形至近球形，无色。

生境时期

夏秋季生于阔叶林下。

用途

有毒，含有鹅膏环肽类毒素。

120 巴塔鹅膏

Amanita battarrae (Boud.) Bon

伞菌目 Agaricales | 鹅膏菌科 Amanitaceae | 鹅膏菌属 *Amanita*

形态特征

菌盖直径 5~12cm，呈灰褐色，随着子实体的成熟，中心逐渐变暗。最初是椭圆形，然后是凸起的，最后是扁平的。菌柄长 7~15cm，直径 0.8~1.8cm，被细绒灰褐色鳞片，棒状。孢子球形，光滑，11~13μm。

生境时期

夏秋季生长于橡树、白蜡树周围，也会出现在针叶林中。

用途

不明。

121 粉褶鹅膏

Amanita incarnatifolia Zhu L. Yang

伞菌目	鹅膏菌科	鹅膏属
Agaricales	Amanitaceae	*Amanita*

形态特征

菌盖直径5~13cm，幼时呈半球形或扁半球形，后期扁平，污白色，湿时表面稍黏，有粉末状物，往往覆盖大片浅土黄色菌托残片，边缘无条纹，表皮延伸撕裂成附属物。菌肉呈白色，稍厚，伤后稍暗色且带红色。菌褶呈白色带浅土黄褐色，离生，密，不等长，边沿有细粉粒。菌柄长8~14cm，直径1.2~2.2cm，呈棒状，基部延伸后近纺锤状，白色至污白色，表面似粉状或棉毛状鳞片，下部菌托苞状，呈浅土黄色，内部实心或松软近白色，菌环呈一层棉絮状膜，逐渐破碎脱落。孢子宽椭圆形，无色，光滑，（8~10.5）μm×（6~8.5）μm，糊性反应。

生境时期

通常生长在针叶林和阔叶林中。

用途

有毒。

122 青绿湿伞

Hygrocybe psittacina (Schaeff.) P. Kumm.

伞菌目	蘑菇科	湿伞属
Agaricales	Hygrocybe	*Limacella*

形态特征

青绿湿伞的子实体较小，菌盖直径1~4cm，形状为半球形至扁半球形，通常中部稍凸起。幼时菌盖呈暗绿色，随后变为红色或黄色，表面黏。菌肉薄且质脆，菌褶带绿色，后期可能变为红色或黄色，直生且稍稀疏。菌柄细长，近圆柱形，光滑，长度3~8cm，直径2~5cm，表面黏，基部颜色较浅。

生境时期

夏秋季在针叶和阔叶林中地上群生。

用途

有毒。

123 粪锈伞 *Bolbitius titubans* (Bull.) Fr.

伞菌目	粪锈伞科	粪锈伞属
Agaricales	Bolbitiaceae	*Bolbitius*

形态特征

菌盖直径 1.5~5cm，初期卵形或近圆形，渐变为宽钟形或宽凸镜形，后期渐平展，中部下陷，脆，黏，黄色或浅黄绿色，有时呈浅褐色或浅灰色，后褪色，中部呈浅黄色，向边缘呈浅灰色或浅棕色，光滑，常有褶纹。菌肉浅黄色，脆。菌褶离生，密，脆而软，近白色或浅黄色，渐变为肉桂锈色。菌柄长 3~12cm，直径 2~4mm，圆柱形，空心，脆，表面有微小鳞片、粉末状物、小菌毛或近光滑，白色，有时呈浅黄色。担孢子（10~16）μm×（6~9）μm，椭圆形，末端平截，光滑，锈褐色。

生境时期

夏秋季单生、散生或群生于粪便上或施肥的草地上。

用途

有毒。

124 半球锥盖伞

Conocybe semiglobata Kühner & Watling

伞菌目	粪锈伞科	锥盖伞属
Agaricales	Bolbitiaceae	*Conocybe*

形态特征

幼时钟状到圆锥钟状，成熟后圆锥凸到平凸，有时边缘有些上卷，平滑，有时略呈放射状微皱，具纤状毛，幼时从棕色、锈棕色或浅锈棕色到浅棕色，成熟后从边缘开始变得较浅，到浅灰褐色或带棕色，干燥后为浅灰橙色、奶油色或几乎白色，边缘较浅。

生境时期

腐生，夏季和秋季单生或群生在草地和树林中的地面上。

用途

有毒。

125 黄环鳞伞

Descolea flavoannulata (Lj.N. Vassiljeva) E. Horak

伞菌目	粪锈伞科	环鳞伞属
Agaricales	Bolbitiaceae	*Descolea*

形态特征

子实体一般中等大。菌盖直径3~10cm，初期近半球形，后期渐平展，中部平凸，土黄色至褐黄色，表面稍干，有明显皱纹和小鳞片状附属物。菌肉呈污白黄色，中部厚而向边缘薄。菌褶直生至弯生，初期呈灰褐色，后呈黄褐色，边缘呈白色粉状，不等长，较密。菌柄长4~10cm，直径0.7~1cm，向下渐粗呈棒状，菌环以上呈土黄色，以下呈褐黄色，上表面有明显的长条纹，基部残留附属物。孢子印呈褐黄色，孢子宽椭圆形，柠檬形，具小疣，（12~16）μm×（7.5~9.5）μm。

生境时期

夏秋季生于柞木林中或红松及其他阔叶林地上。

用途

食用，药用。

126 杯瑚菌 *Clavicorona pyxidata* (Pers.) Doty

伞菌目	珊瑚菌科	珊瑚菌属
Agaricales	Clavariaceae	*Clavaria*

形态特征

杯瑚菌的子实体中等至较大，高度为 3~13cm，颜色为淡黄色或粉红色，随着老化或受损会变为暗土黄色。其菌肉为白色或颜色较淡。孢子光滑，椭圆形，大小为（3.5~4.5）μm×（2~2.5）μm，含有油球和囊体，菌柄纤细，直径 2~3mm，向上膨大，顶端杯状，由杯缘分出一轮小枝，各枝顶端又膨大成杯状，杯缘再生一轮小枝，如此多次自下而上分枝，最上层小枝顶端呈小杯状。

生境时期

夏秋季生于针、阔叶林中枯腐木上。

用途

食用。

127 虫形珊瑚菌 *Clavaria vermicularis* Batsch

伞菌目	珊瑚菌科	珊瑚菌属
Agaricales	Clavariaceae	*Clavaria*

形态特征

子实体较小，高 2.5~10cm，直径 2~6mm，白色，老后变浅黄色，很脆，不分枝。菌盖一般较小，形状不规则，有的呈棒状，有的则弯曲盘旋，细长圆柱形或长梭形，常稍弯曲，内实，后变中空，顶端尖，后变钝，顶部稍带淡黄色。柄不明显。孢子无色，光滑，近椭圆形，有颗粒状内含物，（1.5~4）μm×（3~5）μm。

生境时期

夏秋季在林中草地或林中地上丛生。

用途

食用。

128 微黄拟锁瑚菌 *Clavulinopsis helvola* (Pers.) Corner

伞菌目 Agaricales | 珊瑚菌科 Clavariaceae | 拟锁瑚菌属 *Clavulinopsis*

形态特征

子实体较小，不分枝，高可达 6cm，粗 0.6cm 左右，呈橙黄色，细长棒状，有时扁平，初期内部充实，后变空心，顶端细尖，或扭曲，基部色较淡且有细绒毛。菌肉带黄色。担子呈细长棒状，具 2~4 个小梗。菌丝具锁状联合。孢子无色或带黄色，近球形，表面具小疣，(5~8.5) μm×(5~7) μm。

生境时期

春季和秋季生于针叶林或阔叶林中地上。

用途

食用，药用。

129 白漏斗辛格杯伞

Singerocybe alboinfundibuliformis (Seok, Yang S. Kim, K.M. Park, W.G. Kim, K.H. Yoo & I.C. Park) Zhu L. Yang, J. Qin & Har. Takah.

伞菌目	杯伞科	辛格杯伞属
Agaricales	Clitocybaceae	*Singerocybe*

形态特征

子实体小至中等大。菌盖宽 5~10cm，中部下凹至漏斗状，往往幼时中央具小凸尖，干燥，薄，呈浅黄褐色或肉色，微有丝状柔毛，后变光滑，边缘平滑波状。

生境时期

秋季在林中地上或腐枝落叶层或草地上单生或群生。

用途

有毒。

130	紫丝膜菌 *Cortinarius purpurascens* Fr.	伞菌目 Agaricales	丝膜菌科 Cortinariaceae	丝膜菌属 *Cortinarius*

形态特征

子实体中等至较大。菌盖宽 4~10cm，呈扁半球形，后渐平展，光滑，黏，带紫褐色或橄榄褐色、茶色，边缘色较淡，有丝膜。菌肉呈紫色。菌褶弯生，稍密，初期呈堇紫色，很快变为土黄色至锈褐色。菌柄长 5~9cm，直径 1~2cm，内实，近圆柱，基部膨大呈臼形，淡堇紫色，后渐变淡。孢子印为锈褐色。孢子呈椭圆形至近卵圆形，淡锈色，有小疣，（10~12）μm×（6~7.5）μm。

生境时期

秋季于混交林中地上群生或散生。

用途

此菌为树木的外生菌根菌，可同云杉等形成菌根。

131 黄丝膜菌 *Cortinarius turmalis* Fr.

伞菌目 Agaricales | 丝膜菌科 Cortinariaceae | 丝膜菌属 *Cortinarius*

形态特征

菌盖直径 4~10cm，呈扁半球形，后扁平，中部钝，湿润时表面黏，干时有光泽，呈黄色至黄土色。中部厚，无明显气味。菌褶直生又弯生，密，不等长，初期为污白色，后土褐色至褐色。菌柄长 4~10cm，直径 0.6~1cm，呈圆柱形或近基部弯曲，污白色带土黄色，有近白色丝状菌幕，内部实心变至松软。孢子印为黄褐色。孢子为黄褐色或浅褐色，椭圆形，表面粗糙或近光滑。

生境时期

夏秋季在针叶林或混交林地上群生。

用途

食用，此菌为树木的外生菌根菌。

132	*Cortinarius suillonigrescens* Rob. Henry	伞菌目 Agaricales	丝膜菌科 Cortinariaceae	丝膜菌属 *Cortinarius*

形态特征

子实体单生或群生，幼时呈半球形至圆锥形，成熟后展开呈斗笠形。菌盖直径 2~4cm，表面呈褐色至锈褐色，菌褶直生，后期呈锈褐色，不等长，较密。菌柄长 2~4cm，直径 0.5~1.5cm，呈圆柱形，初时浅白色至污白色，内部松软至空心。

生境时期

春秋季节生长于阔叶林腐败的落叶残枝附近。

用途

不明。

133	粘锈耳 *Crepidotus mollis* (Schaeff.) Staude	伞菌目 Agaricales	锈耳科 Crepidotaceae	锈耳属 *Crepidotus*

形态特征

子实体小。菌盖呈半圆形至扇形，水浸后半透明，黏，干后全部呈纯白色，光滑，基部有毛，初期边缘内卷。菌肉薄。菌褶稍密，从盖至基部辐射而出，延生，呈初白色，后变为褐色。孢子印呈褐色。孢子呈椭圆形或卵形，呈淡锈色，有内含物，(7.5~10) μm × (4.5~6) μm。

生境时期

于腐木上叠生。

用途

食用，但个体较小，食用意义不是很大。

134	褐毛靴耳 *Crepidotus badioflocosus*	伞菌目 Agaricales	锈耳科 Crepidotaceae	靴耳属 *Crpidotus*

形态特征

菌盖直径通常在 2~8cm，初期呈扁半球形，之后扁平展开，颜色多为浅褐色至深褐色。菌褶颜色为褐色至深褐色，菌褶比较密集，与菌柄呈弯生状态，菌柄长 3~8cm，直径 0.3~0.8cm，呈圆柱形，基部有时膨大，颜色和菌盖相似或略淡，表面也有细绒毛。

生境时期

夏秋季生于阔叶树的枯枝或树干等腐木上。

用途

食用，属木腐真菌。

135 黄侧火菇 *Pleuroflammula flammea* (Murrill) Singer

伞菌目	锈耳科	侧火菇属
Agaricales	Crepidotaceae	*Pleuroflammula*

形态特征

菌盖宽 1~3cm，呈凸镜形至肾形，具纤丝状物，成熟后变光滑，不黏，非水渍状至近水渍状，边缘菌幕残片呈齿状，颜色为黄色至黄褐色。菌肉呈浅黄色，味苦。菌褶离生，稍密，中等宽，呈肉桂色至褐色，后逐渐变深褐色，边缘浅色。菌柄长 4~5mm，直径 1~1.5mm，呈圆柱形，偏生，等粗，至基部稍膨大。菌环以上色浅、光滑，菌环以下与菌盖近同色，具绒毛状物。菌环上位，膜质或纤丝状，呈黄色至黄褐色，易消失。担孢子（8~9）μm×（5~6）μm，呈卵圆形至椭圆形，光滑，黄褐色。

生境时期

夏秋季群生于阔叶树腐木及枯木上。

用途

有毒。

136 潮湿靴耳

Crepidotus uber (Berk. & M.A. Curtis) Sacc.

伞菌目 Agaricales | 靴耳科 Crepidotaceae | 靴耳属 *Crepidotus*

形态特征

菌盖宽 0.5~1.2cm，呈扇形、贝壳形、肾形至圆形，膜质至肉质，盖面湿时稍黏，吸水，呈黄色至暗褐色。表面光滑，无毛。基部有白色绒毛。菌褶从白色绒毛基部延生而出，密，老时呈赭色至锈色或褐色。菌肉薄，呈白色。无菌柄或退化，侧生。担孢子（6~8）μm×（4.5~5）μm，呈椭圆形，光滑，壁稍厚，淡锈色。

生境时期

夏秋季生长在阔叶树和针叶树的腐木上。

用途

食用，能够将枯枝落叶和动物残骸分解成有机物质。

137 败育粉褶菌

Entoloma abortivum (Berk. & M.A. Curtis) Donk

伞菌目	粉褶菌科	粉褶菌属
Agaricales	Entolomataceae	*Entoloma*

形态特征

菌盖直径 3~10cm，初呈扁半球形，后平展，中部稍下凹，干，颜色为灰白色、灰色、淡灰黄褐色至淡黄褐色，边缘整齐或呈波状。菌肉厚，呈白色。菌褶直生至延生，密，薄，初呈灰白色，后为粉红色，不等长。菌柄长 3~8cm，直径 0.5~1.5cm，近圆柱形，实心，具不明显纵条纹，与菌盖同色或稍浅，基部有绒毛。担孢子（8~10.5）μm×（5.5~7）μm，5~6 角，异径，呈淡粉红色。

生境时期

秋季单生、丛生或群生于有松树或栎树的针阔混交林或阔叶林中地上。

用途

食用。

138 蓝鳞粉褶菌

Entoloma azureosquamulosum Xiao L. He & T.H. Li

伞菌目 Agaricales | 粉褶菌科 Entolomataceae | 粉褶菌属 *Entoloma*

形态特征

菌盖呈半球形、凸镜形，后平展，无条纹，密被粒状小鳞片，呈深蓝色至带紫蓝色，中部较深色至近蓝黑色。菌肉近柄处厚 2mm，白色带菌盖的蓝色。菌褶弯生或近直生，具短延生小齿，密，较厚，初为白色，后为粉红色，不等长。菌柄呈圆柱形或近棒状，极脆，与菌盖同色或较浅，具深蓝色颗粒状鳞片，基部具白色菌丝体。

生境时期

散生于阔叶林中地上。

用途

与植物互利共生，即植物给它们提供营养，它们从土壤中吸收氮、磷等无机物回馈给植物。

139 紫蜡蘑

Laccaria amethystea (Bull.ex Gray) Murr.

伞菌目 Agaricales | 轴腹菌科 Hydnangiaceae | 蜡蘑属 *Laccaria*

形态特征

子实体小，紫色。菌盖直径为 1~6cm，四周较凸，中央较平坦，且正中央通常略有凹陷。其颜色在潮湿时为较深的紫丁香色，干燥时颜色会退去，其中心有时稍呈垢状，初呈扁球形，后渐平展，中央下凹成脐状，呈蓝紫色或藕粉色，湿润时似蜡质，色深，干燥时呈灰白色带紫色，边缘波状或瓣状并有粗条纹。菌肉色同菌盖色，薄。菌褶为蓝紫色，直生或近弯生，宽，稀疏，不等长。菌柄长 3~8cm，直径 0.2~0.8cm，有绒毛，纤维质，实心，下部常弯曲。孢子印为白色。孢子无色。

生境时期

夏秋季在林中地上单生或群生，有时近丛生。

用途

食用，但菌肉薄，近革质，故称“紫皮条菌”。此菌为树木的外生菌根菌，与红松、云杉、冷杉形成菌根。

140 红蜡蘑 *Laccaria laccata* (Scop.) Cooke

伞菌目 Agaricales | 轴腹菌科 Hydnangiaceae | 蜡蘑属 *Laccaria*

形态特征

子实体一般小。菌盖直径 1~5cm，薄，近扁半球形，后渐平展，中央下凹成脐状，呈肉红色至淡红褐色，湿润时呈水浸状，干燥时呈蛋壳色，边缘波状或瓣状并有粗条纹。菌肉粉褐色，薄。菌褶色同菌盖色，直生或近延生，稀疏，宽，不等长，附有白色粉末。菌柄长 3~8cm，直径 0.2~0.8cm，菌柄色同菌盖色，呈圆柱形或稍扁圆，下部常弯曲，纤维质，韧，内部松软。孢子印为白色。孢子无色或带淡黄色，呈圆球形，具小刺。

生境时期

夏秋季在林中地上或腐枝层上散生或群生，有时近丛生。

用途

食用，药用。

141	阿氏盔孢伞 *Galerina atkinsoniana* A.H. Sm.	伞菌目 Agaricales	层腹菌科 Hymenogastraceae	盔孢伞属 *Galerina*

形态特征

菌盖直径 0.5~0.8cm，呈黄色至棕色，中央有乳状凸起，边缘有条纹。菌肉呈浅黄色。菌褶呈棕色至褐色，稀疏，不等长，弯生。菌柄长 3.5~4.0cm，直径 0.1~0.2cm，呈黄色至棕色，圆柱形，纤维质，空心，表面有白色绒毛。担孢子（7.5~10）μm×（5~7）μm，长椭圆形，呈浅黄色至黄色，近光滑。担子棒状，有 2 个或 4 个担子小梗，（24~37）μm×（10~12）μm，前者多见，无色透明，基部具锁状联合。缘生囊状体（32~42）μm×（7~15）μm，指状至纺锤形，中央腹鼓状，无色透明，基部具锁状联合。未见侧生囊状体。

生境时期

生于针阔叶混交林中腐木苔藓层上。

用途

有毒。

142	栎裸脚伞 *Gymnopilus dryophilus* Murrill	伞菌目 Agaricales	层腹菌科 Hymenogastraceae	裸伞属 *Gymnopilus*

形态特征

菌盖宽 1~7.5cm，年轻时凸起，边缘弯曲，变为宽凸至平坦。年轻时呈深红褐色至褐色，后变为棕褐色、橙褐色至非常浅的浅黄色。菌褶附着在茎上或从茎上游离，由白色至粉红色变成浅黄色，拥挤。菌柄长 1~10cm，直径 2~7mm；孢子印为乳白色或淡黄色。

生境时期

腐生，分布于硬木、针叶树或混交林生态系统中。春夏秋季均有分布。

用途

食用，但应适量食用以避免中毒；药用。

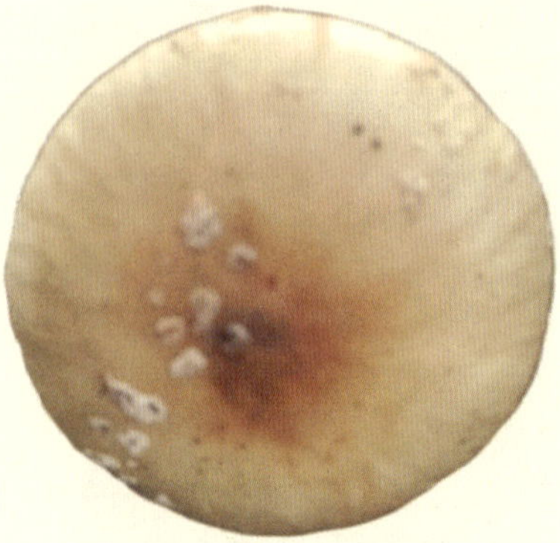

143 橘黄裸伞

Gymnopilus spectabilis (Weinm.) A.H. Sm..

伞菌目 Agaricales | 层腹菌科 Hymenogastraceae | 裸伞属 *Gymnopilus*

形态特征

子实体中等大。菌盖呈橙黄色至橘红色，中部有红色细鳞片。菌盖初期呈半球形，后近平展，直径 3~8.3cm，边缘平滑。菌肉为黄色，味苦。菌褶稍密，呈黄色后变锈色。菌柄近柱形，长 3~10cm，直径 0.4~1cm，较菌盖色浅，具毛状鳞片，内部实心，基部稍膨大。菌环膜质，生柄之靠顶部。

生境时期

夏秋季在阔叶树或针叶树腐木上或树皮上，群生或丛生。

用途

有毒。

144	裂丝盖伞 *Inocybe rimosa* (Bull.) Kalchbr.	伞菌目 Agaricales	丝盖伞科 Inocybaceae	丝盖伞属 *Inocybe*

形态特征

菌肉为白色。菌褶凹生近离生，呈淡乳白色或褐黄色，较密，不等长。菌柄呈圆柱形，长 2.5~6cm，直径 0.5~1.5cm，上部白色有小颗粒，下部污白色至浅褐色并有纤毛状鳞片，常常扭曲和纵裂，实心，基部稍膨大。孢子印为锈色。

生境时期

夏秋季成群或单独生长在林中或道旁树下地上。

用途

有毒。

145 星孢丝盖伞

Inocybe asterospora Quél.

伞菌目	丝盖伞科	丝盖伞属
Agaricales	Inocybaceae	*Inocybe*

形态特征

子实体较小。菌盖呈淡锈褐色至土黄褐色，表面具辐射状纤毛，有时中部有翘起的鳞片，边缘往往开裂，直径 2~4cm，初期呈圆锥形或钟形，开伞后平展，中部稍凸起。菌肉呈污白色至土黄色。菌褶密、弯生，呈淡褐色至黄褐色，后期有深褐色斑点，不等长。菌柄呈污白色至土黄色，圆柱形，长 3~5cm，直径 0.3~0.8cm，表面具纤毛，实心，基部稍膨大。孢子印为锈色。孢子有角呈星状，淡锈色，(10~12) μm×(7.5~10) μm。褶侧囊状体呈长颈瓶状或近梭形，顶端有结晶，淡黄色，(63~75) μm×(15~22) μm。

生境时期

夏秋季在林中阔叶树下群生或散生。

用途

有毒。

146	栗粒皮秃马勃 *Calvatia cyathiformis* S. Ito & S. Imai, Trans.	伞菌目 Agaricales	马勃科 Lycoperdaceae	秃马勃属 *Calvatia*

形态特征

子实体直径 3~8cm，呈扁球形或近似陀螺形，不孕基部宽而短，表皮细绒状，龟裂为栗色细小斑块或斑纹，呈褐红色或棕褐色，顶部出现小孔，弹之有粉尘飞出，内如海绵，黄褐色。栗粒皮秃马勃在幼嫩时色白，圆球形如蘑菇，大小不等，成熟后则为灰褐色而虚软。孢子丝为马勃型，具关节状真隔膜，孢子丝上有圆形或椭圆形的纹孔。

生境时期

夏秋季见于松树底下。

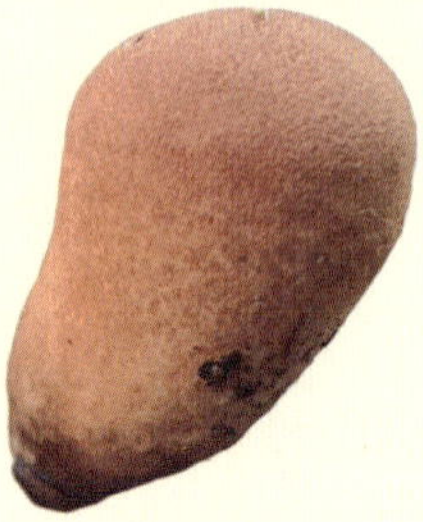

用途

研究，教学。

147 头状秃马勃

Calvatia craniiformis (Schwein.) Fr. ex De Toni

伞菌目	马勃科	秃马勃属
Agaricales	Lycoperdaceae	*Calvatia*

形态特征

子实体小至中等大，呈陀螺形，高4.5~10cm，宽3.5~6cm，不孕基部发达。包被两层，均薄质，很薄，紧贴在一起，呈淡茶色至酱色，初期具微细毛，逐渐光滑，成熟后上部开裂并成片脱落，孢体为黄褐色。孢子为淡青色，上具极细的小毛，稍有短柄或短尖头，球形。孢丝与孢子同色，长，有稀少分枝和横隔。

生境时期

夏秋季于林中地上单生或散生。

用途

幼嫩时供食用，成熟后可药用。

148 尖苔藓马勃

Lycoperdon acuminatum (Bosc) Vizzini

伞菌目 Agaricales | 马勃科 Lycoperdaceae | 马勃属 *Lycoperdon*

形态特征

体积小，高 7~10mm，宽 58mm，呈卵球形至圆锥形，白色的基部菌丝束在苔藓垫中生根，未成熟时表面呈淡黄白色至奶油色，成熟后呈淡赭色至深褐色。外胚轴为白色、奶油色至淡棕色。

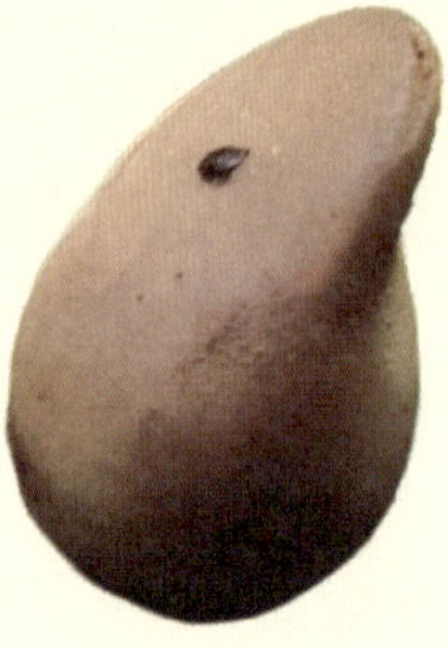

生境时期

春秋季生长在覆盖死树干的苔藓垫、活树的树皮以及岩石上。

用途

不明。

149 钩刺马勃 *Lycoperdon echinatum* Pers.

伞菌目 Agaricales | 马勃科 Lycoperdaceae | 马勃属 Lycoperdon

形态特征

子实体宽 2~4cm，高 2~4cm，呈近球形或梨形。它外表面密布着长达 0.6cm 的刺。孢子大体呈球形，表面上有疣，直径 4~7μm，含 1 大油滴，有透明的小长柄，长 10~25μm。孢丝线形，与孢子同色，分枝少，粗 6μm。

生境时期

夏秋季生长在落叶林间空地和牧场的土壤里。

用途

幼子实体可食用，成熟后可入药。

150 网纹马勃 *Lycoperdon perlatum* Pers.

伞菌目	马勃科	马勃属
Agaricales	Lycoperdaceae	*Lycoperdon*

形态特征

子实体一般较小，呈倒卵形至陀螺形，高 3~8cm，直径 2~6cm，初期近白色，后变为灰黄色至黄色，不孕基部发达或伸长如柄。外包被由无数小疣组成，间有较大易脱的刺，刺脱落后显出淡色而光滑的斑点。孢体呈青黄色，后变为褐色，有时稍带紫色。孢子呈球形，呈淡黄色，具微细小疣，3.5~5μm。孢丝长，少分枝，呈淡黄色至浅黄色，直径 3.5~5.5μm，梢部约 2μm。

生境时期

夏秋季于林中地上群生，有时生于腐木上。

用途

幼时可食用，味较好。据记载，可与云杉、松树、栎树形成外生菌根。

151 暗褐马勃 *Lycoperdon umbrinum* Pers.

伞菌目 Agaricales | 马勃科 Lycoperdaceae | 马勃属 *Lycoperdon*

形态特征

子实体近球形、扁球形至圆陀螺形。外包被幼时呈白色至污白色，后呈浅褐色至深褐色，未成熟时龟裂为颗粒或小刺粒，不易脱落，成熟后部分脱落。不孕基部发达，连接有污白色的根状菌索。担孢子直径 4~5.2μm，呈球形，粗糙，内部有 1 个油滴，呈褐色，带长达 1μm 的短柄。

生境时期

夏秋季生于混交林中地上，偶尔生于腐木上。

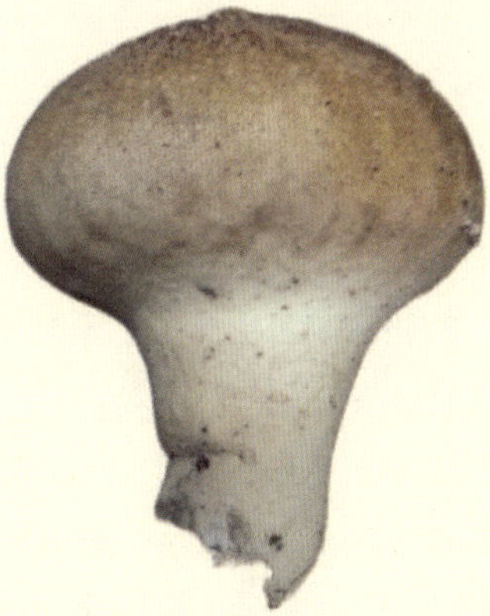

用途

幼时可食用，成熟后可药用。

152 星孢寄生菇 *Asterophora lycoperdoides* (Bull.) Ditmar

伞菌目 Agaricales | 离褶伞科 Lyophyllaceae | 寄生菇属 *Asterophora*

形态特征

子实体小。菌盖直径0.5~3cm，呈白色，有一层厚的粉末，形成土黄色、浅茶褐色的厚垣孢子。菌肉呈白色至灰白色，厚。盖下褶稀疏，呈白色，分叉，直生。孢子无色，呈椭圆形，（5~6.5）μm×（3~3.5）μm，厚垣孢子大量产生于菌盖表面，颜色为黄色。菌柄呈白色，柱形，长1~4cm，直径0.2~0.5cm，内实，基部有白绒毛。

生境时期

夏秋季生于林中，寄生于稀褶黑菇、黑菇及密褶黑菇菌盖中央或褶和柄部。

用途

在研究真菌生态关系及教学上有其价值。

153 橙黄丽蘑

Calocybe aurantiaca X.D.Yu & Jia J. Li

伞菌目	离褶伞科	丽蘑属
Agaricales	Lyophyllaceae	*Calocybe*

形态特征

菌盖直径 0.6~3.0cm，呈扁平状，中部微凹，丝质，光泽熠熠，铬橙色的表面彰显独特，边缘时现波状起伏。菌褶延生，宽度 0.2~0.3cm，呈浅橙黄色，排列紧密，边缘齐整无缺。菌柄长 1.5~3.0cm，直径 0.2~0.3cm，居中而生，圆柱形貌，表面浅橙黄晕染，基部白色纤丝点缀。担孢子（2.0~3.4）μm×（1.9~3.2）μm，近球形，澄澈透明。担子（12~16）μm×（3.0~5.5）μm，棒状形态，近无色透明。菌盖皮层由密生、放射状平行匍匐菌丝构成外皮层，菌丝直径 2.5~5.0μm，光滑薄壁。

生境时期

在阔叶树、针叶树混交林的土壤上腐生，呈小群生长。

用途

食用。

154 变色丽蘑

Calocybe decolorata X.D.Yu & Jia J.Li

伞菌目	离褶伞科	丽蘑属
Agaricales	Lyophyllaceae	*Calocybe*

形态特征

菌盖直径 0.5~4.0cm，中部呈镉黄色至火星橙色，具吸湿变色特性，覆有绒毛，初为凸形，后展平且中部凹陷，边缘隆起呈波状。菌褶延生，宽 0.3cm，排列较密，含 2 种或 4 种长度小菌褶，边缘具细齿，质脆，呈白色，受挤压泛蓝。菌柄长 2.0~4.0cm，直径 0.2~0.5cm，居中而生，呈圆柱状，基部稍膨大，初始具纤维质感，成熟时中空，表面自镉黄色至黄棕色渐变，基部有纤丝。菌肉近菌柄处厚 0.3~0.5cm，边缘渐薄，呈白色至奶油色，气味幽微，孢子印呈白色。担孢子（1.3~4.0）μm×（1.0~3.0）μm，近球形，剔透无瑕。

生境时期

在阔叶树、针叶树混交林的土壤上腐生，呈小群生长。

用途

食用，药用。

155 银白离褶伞

Lyophyllum connatum (Schumach.) Singer

伞菌目	离褶伞科	离褶伞属
Agaricales	Lyophyllaceae	*Lyophyllum*

形态特征

子实体呈石膏样白色，一般较小或中等大，菌盖直径 3~8cm，呈扁平球形至近平展，近边缘有皱条纹，中部稍凸或平，表面为白色，后期近灰白色。菌肉为白色。菌褶直生又延生，不等长，稠密，后期似带粉黄色。菌柄细长，下部弯曲，常有许多柄丛生一起，内部实心至松软。孢子印为白色。孢子呈椭圆形，无色，光滑，（5~7）μm×（2.5~4）μm。

生境时期

秋季在阔叶林中地上丛生，往往有数十枚子实体生长在一起。

用途

食用。有特殊的香气。其形态特征与杯伞属的个别毒菌相似，采食时需注意。

156 间型鸡枞菌

Termitomyces intermedius Har.Takah. & Taneyama

伞菌目 Agaricales | 离褶伞科 Lyophyllaceae | 鸡枞菌属 *Termitomyces*

形态特征

菌盖表面光滑，呈灰褐色或褐色、浅土黄色、灰白色至奶油色。菌肉呈白色，较厚。菌褶、菌柄肉质厚实，呈白色或与菌盖同色，孢子呈卵圆形，白色或奶油色。菌柄呈圆柱形，较粗壮，基部有时膨大，颜色与菌盖相似或略淡，长 10~20cm，直径 1~3cm，柄上无菌环。

生境时期

一般生长在梅雨季节和夏秋季的多雨时节。

用途

食用。

157 硬柄小皮伞 *Marasmius oreades* (Bolton) Fr.

伞菌目 Agaricales | 小皮伞科 Marasmiaceae | 小皮伞属 *Marasmius*

形态特征

子实体较小。菌盖宽 3~5cm，呈扁平球形至平展，中部平或稍凸，呈浅肉色至深土黄色，光滑，边缘平滑或湿时稍显出条纹。菌肉近白色，薄。菌褶呈白色，宽，稀，离生，不等长。菌柄呈圆柱形，长 4~6cm，直径 0.2~0.4cm，光滑，内实。

生境时期

夏秋季在草地上群生并形成蘑菇圈，有时生于林中地上。

用途

食用，药用。

158	大盖小皮伞 *Marasmius maximus* Hongo	伞菌目 Agaricales	小皮伞科 Marasmiaceae	小皮伞属 *Marasmius*

形态特征

子实体一般中等大小。菌盖直径 3~10cm，初期近钟形、扁半球至近平展，中部凸起或平，呈浅粉褐色、淡土黄色，中央呈深色，干时表面呈白色，有明显的放射状沟纹。菌肉呈白色，薄，似革质。菌褶弯生至近离生，宽，稀，不等长，同盖色。菌柄细，呈柱形，质韧，表面有纵条纹，上部似有粉末，内部实心。孢子呈椭圆形，无色，光滑。褶缘囊体近纺锤状或棒状或不规则形。

生境时期

生长在春季或夏秋季林中腐枝落叶层上，散生、群生，有时近丛生。

用途

食用。

159 紫条沟小皮伞 *Marasmius purpureostriatu* Hongo

伞菌目 Agaricales | 小皮伞科 Marasmiaceae | 小皮伞属 *Marasmius*

形态特征

子实体小。菌盖初期呈扁半球形或钟形，后渐呈扁平，表面平滑，中部稍下凹成脐状，顶端有一小凸起，由盖顶部放射状形成紫褐色或浅褐紫色沟条，后期盖面全部色彩变浅。菌肉呈污白色，薄，菌褶近离生，由污白色至浅黄白色，稀，较宽，不等长。菌柄上部呈污白色，向基部渐呈褐色，呈圆柱形，直立，表面有微细绒毛，基部常有白色粗毛，内部松软至空心。

生境时期

春夏季生于林间、林缘草地或落叶层上，群生或有时在草地上形成蘑菇圈。

用途

经济用途食、毒不明，主要用途为研究教学，具体用途为分解枯枝、落叶。

160 草生小皮伞

Marasmius graminum Berk. & Broome

伞菌目	小皮伞科	小皮伞属
Agaricales	Marasmiaceae	*Marasmius*

形态特征

菌盖呈钟形至凸镜形，呈橙褐色至红褐色，表面干燥，具盖中部至盖缘的放射状沟纹。菌褶离生，较稀疏，部分菌褶末端具分叉，无小菌褶，呈白色；菌柄呈圆柱状，中生，顶部为淡红褐色，越往下颜色越深，为褐色至暗褐色，表面干燥，光滑，直插入基物内。

生境时期

群生或散生于枯死的草本植物上，常见于禾本植物上。

用途

不明。

161 褐孢小皮伞

Marasmius brunneospermus Har. Takah.

伞菌目	小皮伞科	小皮伞属
Agaricales	Marasmiaceae	*Marasmius*

形态特征

菌柄幼时直立，而后随着时间的推移逐渐弯曲，无毛光滑，呈黄白色或浅棕色。菌柄（30~60）mm×（2.5~6）mm，圆柱形，坚韧，呈黄白色，与菌褶颜色相近，基部呈淡白色，有时在菌柄基部周围形成菌丝体。绒毛呈白色至淡奶油色，与下表面同色，内部空心。担孢子（6~8）μm×（3~4）μm，呈梭形或（亚）圆柱形，光滑，透明。

生境时期

夏秋季在松树林或者混交林地上单生或散生。

用途

不明。

162 苍白小皮伞 *Marasmius pellucidu* Berk. & Broome

伞菌目	小皮伞科	小皮伞属
Agaricales	Marasmiaceae	*Marasmius*

形态特征

菌盖宽 30~40mm，幼时尖，呈圆锥形至凸镜形或钟形，成熟时呈宽凸镜形、宽钟形至平展，中央为黄白色至奶油色，边缘为白色，中央常凹陷，光滑至有皱纹或有网纹，边缘有条纹至沟纹，透明，向下弯曲至上卷，水渍状，无毛。菌肉薄，呈白色。菌褶直生至弯生，密至较密，窄，1mm。菌柄（10~90）mm×1mm，圆柱形，顶端为白色，基部为褐色至深褐色，纤维质，空心，菌柄基部有白色绒毛，气味较浅且温和。担孢子（6~7）μm×（3~3.5）μm，呈拟梭形，光滑。

生境时期

群生或簇生于混交林中的腐叶上。

用途

不明。

163 花盖小皮伞

Marasmius floriceps Berk. & M.A. Curtis

伞菌目 Agaricales | 小皮伞科 Marasmiaceae | 小皮伞属 *Marasmius*

形态特征

菌盖直径 1~3cm，呈扁半球形、凸镜形至平展，有沟纹，中央有皱纹，橙色、橙红色至橙褐色，中部颜色较深。菌肉薄。菌褶附生，稍密，不等长，窄，呈白色。菌柄长 2~4.5cm，直径 1~1.5mm，呈圆柱形，空心，顶端近白色、黄白色至有点青黄色，向基部渐变橙褐色，基部菌丝体呈白色至淡黄色。担孢子（6.8~9.2）μm×（3~3.4）μm，呈椭圆形，薄壁，透明，无色，非淀粉质。

生境时期

单生或群生于双子叶植物腐叶或腐枝上。

用途

不明。

164 红盖小皮伞

Marasmius haematocephalus (Mont.) Fr.

伞菌目	小皮伞科	小皮伞属
Agaricales	Marasmiaceae	*Marasmius*

形态特征

菌盖初呈钟形，后呈凸镜形至平展，具脐突，红褐色至紫红褐色，干，密生微细绒毛，有弱条纹或沟纹。菌肉薄。菌褶弯生至离生，稍稀，初白色，后转淡黄白色，很少小菌褶。菌柄呈深褐色或暗褐色，近顶部呈黄白色，脆骨质，基部稍膨大呈吸盘状，上有白色菌丝体。

生境时期

生长在热带雨林中的落叶上。

用途

不明。

165 干小皮伞

Marasmius siccus (Schwein.) Fr.

伞菌目 Agaricales | 小皮伞科 Marasmiaceae | 小皮伞属 *Marasmius*

形态特征

菌盖直径 1~2cm，呈半球形、凸镜形至平展，呈橙黄色、赭黄色、橙色至深橙色，中央下陷，有脐突，有条纹。菌肉薄，呈白色。菌褶宽 1~1.5mm，弯生至近离生，呈白色，较稀，有或无小菌褶，边缘带菌盖颜色，有些标本不明显。菌柄长 2~5cm，直径 0.5~1.5mm，呈圆柱形，上部呈白色，向下渐变为深栗色至黑色，光滑，有漆样光泽，基部有白色至黄白色的菌丝体。担孢子（16~21）μm×（3~4）μm，呈倒披针形，常弯曲，光滑，白色。

生境时期

群生于阔叶林腐枝落叶层、腐木上，或散生在林中落叶层上。

用途

不明。

166 黑柄微皮伞 *Tetrapyrgos nigripes* (Fr.) E. Horak

伞菌目 Agaricales | 小皮伞科 Marasmiaceae | 四角孢伞属 *Tetrapyrgos*

形态特征

子实体小。菌盖直径 0.2~1.5cm，初期呈扁半球形，后近平展，纯白色，中部下凹，表面似粉状，边缘有放射状沟条纹。菌肉呈白色，很薄。菌褶由白色变暗，直生，稀，有横脉。菌柄长 1~2cm，直径 0.4~1mm，上部呈污白色至灰白色，下部呈灰黑又蓝黑色，表面有细粉末。孢子无色，光滑，有 4 个角状凸起。褶缘囊体多分小枝。

生境时期

夏秋季生于林中落叶及枯枝上。

用途

不明。

167 洁小菇 *Mycena pura* (Pers.) P. Kumm.

伞菌目 Agaricales | 小菇科 Mycenaceae | 小菇属 *Mycena*

形态特征

子实体小型带紫色。菌盖直径 2~4cm，呈扁半球形，淡紫色或由淡紫色至丁香紫色，湿润，边缘具条纹。菌肉呈淡紫色，薄。菌褶较密，直生或近弯生。菌柄近柱形，长 3~5cm，直径 0.3~0.7cm，光滑，空心，基部往往具绒毛。孢子印为白色。孢子无色，光滑，呈椭圆形，(6.4~7.5) μm × (3.5~4.5) μm。囊体近梭形至瓶状，顶端钝，(46~55) μm × (10~16) μm。

生境时期

夏秋季在林中地上和腐枝层或腐木上丛生、群生或单生。

用途

食用。

168 粉红小菇 *Mycena rosella* (Fr.) P. Kumm.

伞菌目 Agaricales	小菇科 Mycenaceae	小菇属 *Mycena*	

形态特征

菌盖幼时呈半圆形，成熟后呈凸镜形，中央处带有凸起，表面光滑或带有辐射状的纤毛，有透明状条纹，呈灰棕色至黄棕色，有时稍带有淡紫色，边缘锯齿状。菌肉呈水浸状，灰棕色，薄。菌褶幼时呈白色，成熟后呈灰棕色，有时稍带粉棕色，宽直生至近延生，边缘光滑，紫色至红棕色。菌柄圆柱形，常弯曲，表面光滑，呈淡灰棕色并稍带有紫棕色，顶端色淡，有细白粉末，空心，下部色深，基部具有白色菌丝状粗毛。

生境时期

群生于阔叶树腐木或枯枝落叶上。

用途

不明。

169 褐小菇 *Mycena alcalina* (Fr.) P. Kumm.

伞菌目	小菇科	小菇属
Agaricales	Mycenaceae	*Mycena*

形态特征

子实体小。菌盖直径 1~2cm，近钟形至斗笠形，表面平滑，带褐色，中部深色而边缘色浅且有细条纹，湿时黏。菌肉为白色，较薄。菌褶为白色带浅灰色，不等长，近直生。菌柄细长，常弯曲，长 3~8cm，直径 0.2~0.3cm，上部色浅，中下部近似盖色，基部白色有毛，内部空心。孢子光滑，无色，呈卵圆形至椭圆形，（6.8~9.4）μm×（5~6）μm。缘囊体和褶侧囊体呈纺锤状，（48~63）μm×（8~13）μm。

生境时期

夏秋季在林地腐木或腐枝层上近丛生。

用途

药用。

170 铅灰色小菇

Mycena leptocephala (Pers.) Gillet

伞菌目	小菇科	小菇属
Agaricales	Mycenaceae	*Mycena*

形态特征

菌盖 1.5cm 左右，幼时呈卵圆形，随时间的推移变为圆锥形或钟形，幼嫩时为深褐色，后呈黑色或褐色，边缘发白。菌褶较密，颜色为深灰褐色至灰色。菌柄长 2~6cm，空心，易碎，全身有细短毛，无光泽，基部具有较密的绒毛，孢子（8~11.2）μm×（4~5.8）μm。

生境时期

春季至秋季单生于草丛和苔藓中，在空旷的地方或混合的树林中也可见到。

用途

不明。

171 紫萁小菇 *Mycena osmundicola* J.E. Lange | 伞菌目 Agaricales | 小菇科 Mycenaceae | 小菇属 *Mycena*

形态特征

发育前期呈半球形，灰色，密布白色鳞片；后期平展，中部微突，呈灰褐色；边缘不规则，呈白色，甚薄，柔软，无味无臭，盖表细胞球形或宽椭圆形，有刺疣，（13~19）μm×（10~15）μm。菌褶白色，稀疏，9~32 片，离生，放射状排列，不等长。缘侧密布具刺疣的梨形囊状体，（23~31）μm×（9~11）μm。孢子无色、光滑，呈椭圆形，有微淀粉反应，（7~8）μm×（5~6）μm。菌柄直立，直径 0.6mm，中空、圆柱形，上部为白色，基部为褐色至黑褐色，稀疏散布白色鳞片。

生境时期

通常生长在林间的落叶、枯枝和植物腐根上。

用途

食用。

172 血红小菇

Mycena haematopus (Pers.) P. Kumm.

伞菌目	小菇科	小菇属
Agaricales	Mycenaceae	*Mycena*

形态特征

子实体小。菌盖、菌柄受伤后会“流血”，菌肉有股红萝卜的味道，菌盖呈钟形，幼时呈暗红色，成熟后稍淡，边缘常开裂，呈较规则的锯齿状，幼时有白色粉末状细颗粒，后期会变光滑。

生境时期

簇生于腐朽程度较深的腐木上。

用途

有毒（神经性）。

173 血色小菇

Mycena sanguinolenta (Alb. & Schwein.) P. Kumm.

伞菌目	小菇科	小菇属
Agaricales	Mycenaceae	*Mycena*

形态特征

菌盖为圆锥形至钟形，呈紫红色，边缘色淡，湿的时候有放射状条纹。菌肉薄，近白色至带菌盖颜色。菌褶直生，呈白色或浅红色，略带红褐色。菌柄与菌盖同色，根部有白毛，伤后有红色汁液流出。

生境时期

春秋季生于阔叶林或针阔混交林的枯枝落叶上。

用途

不明。

174 黄干脐菇

Xeromphalina campanella (Batsch) Kühner & Maire

伞菌目	小菇科	干脐菇属
Agaricales	Mycenaceae	*Xeromphalina*

形态特征

菌肉很薄，膜质，黄色。菌褶呈黄白色，后呈污黄色，直生至明显延生，密至稍稀，不等长，稍宽，褶间有横脉相连。菌柄长 1~3.5cm，粗 0.2~0.3cm，往往上部稍粗呈黄色，下部呈暗褐色至黑褐色，基部有浅色毛，内部松软至空心。孢子光滑，无色，呈椭圆形，（5.8~7.6）μm×（2~3.3）μm。囊体无色，呈棒状或瓶状，（30~35）μm×（8.9~10.2）μm。

生境时期

夏秋季在林中腐朽木桩上大量群生。

用途

有记载可食用，因子实体很小，食用价值不大。

175	盔盖小菇 *Mycena galericulata* (Scop.) Gray	伞菌目 Agaricales	小菇科 Mycenaceae	小菇属 *Mycena*

形态特征

子实体较小。菌盖呈钟形或呈盔帽状，边缘稍伸展，表面稍干燥，呈灰黄色至浅灰褐色，光滑且有稍明显的细条棱。菌肉呈白色至污白色，较薄。菌褶直生或稍有延生，较宽，密，不等长，褶间有横脉，初期污白色，后浅灰黄色至带粉肉色，褶缘平滑或钝锯齿状。菌柄细长，呈圆柱形，污白色，光滑，常弯曲，脆骨质，内部空心，基部有白色绒毛。

生境时期

夏秋季在混交林中腐枝落叶层或腐朽的树木处单生、散生或群生。

用途

食用。

176 隆纹黑蛋巢菌 *Cyathus striatus* Willd.

伞菌目 Agaricales | 鸟巢菌科 Nidulariaceae | 黑蛋巢菌属 *Cyathus*

形态特征

子实体小。包被呈杯状，高 0.7~1.5cm，宽 0.6~0.8cm，由栗色的菌丝垫固定于基物上，外面有粗毛。小包扁圆，直径 1.5~2mm，由菌襻索固定于杯中，黑色，其表面有一层淡而薄的外膜，无粗丝组成的外壁。孢子呈长方椭圆形或近卵形，（16~22）μm×（6~8）μm。

生境时期

夏秋季于落叶林中朽木或腐殖质多的地上或苔藓间群生。

用途

药用。

177 粪生黑蛋巢菌

Cyathus stercoreus (Schwein.) DeToni

伞菌目 Agaricales | 鸟巢菌科 Nidulariaceae | 黑蛋巢菌属 *Cyathus*

形态特征

子实体呈杯形，高0.5~1.5cm，宽0.3~0.5cm，有粗毛，幼时呈棕黄色，后变淡黄色或灰色，有时毛全脱落呈深褐色，无纵纹。内侧光滑，呈深灰色，后期近黑色。小包呈黑色，扁圆，直径约2mm，由菌丝索固定于杯中，小包壁的外层由褐色粗菌丝组成。

生境时期

生于堆肥、粪土及垃圾等上。

用途

药用。

178 东方裸拟金钱菌 *Collybiopsis orientisubnuda* J.S. Kim & Y.W. Lim

伞菌目 Agaricales | 类脐菇科 Omphalotaceae | 拟金钱菌属 *Collybiopsis*

形态特征

菌盖为 15~50mm，凸到平凸，有时近骨状，表面光滑，呈棕黄色，由内到外颜色逐渐变浅。菌褶为淡黄色至橙白色，菌柄中心到偏心，呈圆柱形，被绒毛，通常扭曲，灰橙色到棕黄色，逐渐变淡，基部变细。孢子大小为（6.7~8.6）μm×（1.8~3.2）μm（平均 7.5μm×2.5μm），光滑，透明，呈液滴状。

生境时期

夏季到秋季散居或群居于地面覆盖着枯叶和腐叶的阔叶林中。

用途

不明。

179 梅内胡拟金钱菌

Collybiopsis menehune (Desjardin, Halling & Hemmes) R.H. Petersen

伞菌目 Agaricales | 类脐菇科 Omphalotaceae | 拟金钱菌属 *Collybiopsis*

形态特征

菌盖长 0.9~2.0cm，幼时呈凸镜形，边缘内卷，成熟时呈凸镜形至平展形，中部轻微下凹，中部颜色较深，呈淡粉褐色、浅褐色或淡红褐色，向边缘渐淡至米黄色或淡褐色，表面光滑，干燥，具条纹。菌褶直生至近延生，较密集，与菌盖同色；菌柄长 2.8~5.6cm，圆柱状，顶部与菌盖同色，越往下颜色越深，呈暗褐色，表面光滑，干燥，直插入基物。盖皮层菌丝具短凸起分支。存在锁状联合。

生境时期

丛生或散生于阔叶林边缘与草地交会处，或于木麻黄林中富含腐殖质或枯枝落叶的地上。

用途

不明。

180 绒柄拟金钱菌

Collybiopsis confluens (Pers.) R.H. Petersen

伞菌目	类脐菇科	拟金钱菌属
Agaricales	Omphalotaceae	*Collybiopsis*

形态特征

子实体较小。菌盖直径为 2~8cm。菌盖幼时呈钟形至凸镜形，后渐展开至平展，中部微凸起，菌盖表面光滑，呈淡褐色至红褐色，边缘颜色较浅，幼时边缘内卷，湿时边缘具短条纹。菌肉较薄，呈淡褐色。菌褶弯生至离生，稠密，窄，不等长，呈浅灰褐色至米黄色，褶缘呈白色。菌柄中生，圆柱形，上下近等粗，有时弯曲，中空，表面光滑或具沟纹，淡红褐色，向基部颜色较深，表面具白色绒毛，菌柄长可达 8.5cm，直径可达 0.3cm。

生境时期

夏秋季群生或近丛生在林中（阔叶树或针叶树）的腐枝层或落叶层上。

用途

食用。

181 绒柄裸脚伞

Gymnopus confluens (Pers.) Antonín, Halling & Noordel.

伞菌目 Agaricales | 类脐菇科 Omphalotaceae | 裸脚伞属 *Gymnopus*

形态特征

子实体小。菌盖直径为2~4.5cm，半球形至扁平，新鲜时为粉红色，干后变成土黄色，中部颜色较深，幼时边缘内卷，湿润时有短条纹。菌肉很薄，与盖色相同。菌褶弯生至离生，稍密至稠密，窄，不等长。菌柄细长，脆骨质，中空，长5~12cm，直径0.3~0.5cm，表面密披污白色细绒毛。孢子印白色。孢子无色，光滑，椭圆形，(7.6~10.3)μm×(3~5.1)μm。

生境时期

夏秋季于林中落叶层上群生或近丛生。

用途

食用。

182 密褶裸脚伞

Gymnopus densilamellatus Antonín, Ryoo & Ka

伞菌目 Agaricales | 类脐菇科 Omphalotaceae | 裸脚伞属 *Gymnopus*

形态特征

子实体通常群居，菌盖幼时呈半球形或平半球形，然后变凸，成熟时平面化，宽 2.0~7.3cm，通常为棕色，幼时为白色，然后变苍白，在中心褪为浅棕色或黄褐色，向外呈白色，成熟时变为白色，中心有浅棕色，无毛，湿润；菌褶薄，白色，新鲜时有强烈的腐烂气味。菌柄呈圆柱形，长 2.2~10.3cm，直径 0.2~0.3cm，通常为白色，有时带褐色，无毛，有时被绒毛，中空。孢子呈椭球至圆柱形。

生境时期

在针叶林和阔叶混交林的落叶上腐生。

用途

有毒。

183	纯白微皮伞 *Marasmiellus candidus* (Fr.) Singer	伞菌目 Agaricales	类脐菇科 Omphalotaceae	微皮伞属 *Marasmiellus*

形态特征

菌盖宽 0.5~3cm，扁平，呈钟形、凸镜形至平展，中央微凹，膜质，呈白色至灰白色，有绒毛，边缘有条纹或沟条纹。菌肉呈白色，极薄，无味道。菌褶直生至短延生，稀，白色，不等长，稍有分枝和横脉。菌柄长 0.3~2cm，直径 1.5~4mm，呈圆柱形，白色，下部色暗，后变暗灰褐色。担孢子（10~17）μm×（3~5）μm，呈瓜子形至长椭圆形，光滑，无色，非淀粉质。

生境时期

群生或丛生于阔叶树的腐木或枯枝上。

用途

不明。

184 高卢蜜环菌 *Armillaria gallica* Marxm. & Romagn.

伞菌目 Agaricales | 泡头菌科 Physalacriaceae | 蜜环菌属 *Armillaria*

形态特征

菌盖颜色由白色逐渐变为奶油色或浅橙色。菌环上下菌柄颜色不一，菌柄基部与根状菌索相连。菌褶联生或稍沿菌柄向下延伸。孢子印呈白色，孢子为椭球形，常常含有油滴，大小为（7~8.5）μm×（5~6）μm。

生境时期

单生或群生在土壤里和腐木上。

用途

食用。

185 假蜜环菌 *Armillaria tabescens* (Scop.) Emel

伞菌目 Agaricales | 泡头菌科 Physalacriaceae | 蜜环菌属 *Armillaria*

形态特征

菌肉呈白色或带乳黄色。菌褶呈白色至污白色，稍稀，近延生，不等长。菌柄上部呈污白色，中部以下呈灰褐色至黑褐色，有时扭曲，具平伏丝状纤毛，内部松软变至空心，无菌环。孢子印近白色。

生境时期

夏秋季在树干基部或根部丛生。

用途

食药兼用。

186	金黄鳞盖伞 *Cyptotrama asprata* (Berk.) Redhead & Ginns	伞菌目 Agaricales	泡头菌科 Physalacriaceae	鳞盖伞属 *Cyptotrama*

形态特征

菌盖直径 2~5cm，初期呈半球形，后期平展，中部下凹，表面粗糙，有小鳞片，颜色为橙色或金黄色。菌褶离生，不等长，初期为白色，后期变为褐色。菌柄长 3~8cm，直径 0.3~0.8cm，圆柱形，表面有细绒毛，内部实心。

生境时期

生长在落叶和针叶树的腐烂木材上。

用途

有毒。

187 卵孢小奥德蘑

Hymenopellis raphanipes (Berk.) R.H. Petersen

伞菌目 Agaricales | 泡头菌科 Physalacriaceae | 长根菇属 *Hymenopellis*

形态特征

子实体中等至稍大。菌盖半球形至渐平展，中部凸起或似脐状并有深色辐射状条纹，呈浅褐色或深褐色至暗褐色，光滑、湿润，黏。菌肉呈白色，薄。菌褶呈白色，弯生，较宽，稍密，不等长。菌柄近柱状，长5~18cm，直径0.3~1cm，呈浅褐色，近光滑，有纵条纹，孢子印呈白色。孢子无色，光滑，(13~18) μm×(10~15) μm。

生境时期

夏秋季在阔叶林中地上单生或群生，其假根着生在地下腐木上。

用途

食用，现已被广泛栽培。

188 龟裂膜褶菌 *Hymenopellis utriformis* Niego & Raspé

伞菌目 Agaricales | 泡头菌科 Physalacriaceae | 长根菇属 *Hymenopellis*

形态特征

菌盖直径 25~95mm，呈圆形浅棕色，湿润到黏性，具皱纹的表面，随着菌龄的增长呈放射状起皱，边缘平到弯曲。菌肉呈乳白色至白色，切割时不变色。菌褶宽 4~8mm，白色到奶油色，间距 >1mm，片层边缘均匀。菌柄（50~185）mm ×（4~12）mm，呈圆柱形，米白色到浅棕色，从毛向基部变暗，表面干燥，具贴伏鳞片，孢子印呈白色。气味模糊，口感微甜。

生境时期

单生或簇生于落叶林中。

用途

不明。

189	白环粘小奥德蘑 *Mucidula mucida* (Schrad.) Pat.	伞菌目 Agaricales	泡头菌科 Physalacriaceae	小奥德蘑属 *Oudemansiella*

形态特征

子实体中等，呈白色。菌盖直径 4~10cm，呈半球形至渐平展，水浸状，黏滑或胶黏，边缘具稀疏而不明显的条纹。菌肉呈白色，软，薄。菌褶呈白色略带粉色，直生至弯生，宽，稀，不等长。菌柄呈圆柱形，白色，基部膨大带灰褐色，纤维质，内实。孢子印呈白色。

生境时期

春秋季可在树桩或倒木、腐木上群生或近丛生，有时单生。引起木材腐朽。

用途

食用，不过味道较差，并带有腥味，可产生粘蘑菌素，可抗真菌。

190	大囊松果伞 *Strobilurus stephanocystis* (Kühner & Romagn. ex Hora) Singer	伞菌目 Agaricales	泡头菌科 Physalacriaceae	球果伞属 *Strobilurus*

形态特征

子实体小。菌盖直径 1.5~3cm，扁平至平展呈盘状，初期为黑褐色，后为灰黄褐色或灰白色，表面平滑，菌肉薄，柔软。菌褶呈白色，密，菌柄细长，长 3~6.5cm，直径 0.1~0.2cm，有细绒毛，上部为白色，下部为红黄褐色，基部根状生土中或枯枝层中松球果上。

生境时期

秋季生于松林等针叶林地上。

用途

食用。

191	中华干蘑 *Xerula sinopudens* R.H. Petersen & Nagas.	伞菌目 Agaricales	泡头菌科 Physalacriaceae	干蘑属 *Xerula*

形态特征

菌盖直径 1~4.5cm，呈扁半球形至凸镜形，中央凸起，淡灰色、淡褐色至黄褐色，密被有灰褐色至褐色硬毛。菌肉薄，呈白色至灰白色。菌褶弯生至直生，呈白色至米色，较稀。菌柄长 3~10cm，直径 0.3~0.5cm，圆柱形，被褐色硬毛。担孢子（10.5~13.5）μm×（9.5~12.5）μm，近球形至宽椭圆形，光滑，无色，侧生囊状体薄壁，无结晶。

生境时期

寄生于热带和亚热带林中地上。

用途

不明。

192	丝盖冬菇 *Flammulina filiformis* (Z.W. Ge, X.B. Liu & Zhu L. Yang) P.M. Wang, Y.C. Dai, E. Horak & Zhu L. Yang	伞菌目 Agaricales	泡头菌科 Physalacriaceae	冬菇属 *Flammulina*

形态特征

菌盖直径1.5~7cm，幼时呈扁平球形，后扁平至平展，边缘有细条纹，湿时稍黏。菌肉中央厚、边缘薄，白色，柔软。菌褶弯生，稍密，不等长。菌柄长3~7cm，直径0.2~1cm，圆柱形，被绒毛，不胶黏，纤维质，内部松软，后空心，下部延伸似假根并紧紧靠在一起。担孢子（8~12）μm×（3.5~4.5）μm，呈椭圆形至长椭圆形，光滑，非淀粉质。

生境时期

喜好低温，常在冬季出菇。

用途

食用。

193 勺状亚侧耳

Hohenbuehelia petaloides (Bull.) Schulzer

伞菌目 Agaricales | 侧耳科 Pleurotaceae | 亚侧耳属 *Hohenbuehelia*

形态特征

菌盖直径 3~7cm，呈勺形或扇形，向柄部渐细，无后沿，边缘有条纹，表面光滑，初为白色，后呈淡粉灰色至浅褐色，水浸状，稍黏，边缘有条纹。菌褶白色，不等长，稠密，延生，窄。

生境时期

8 月中旬至 10 月初生长在榆、椴、柞等倒木或枯枝上，若遇秋雨 6 天左右即可成熟，子实体群生，多生在郁闭度较高的林间。

用途

食用，药用。

194	灰白亚侧耳 *Hohenbuehelia grisea* (Massee) E. Horak	伞菌目 Agaricales	侧耳科 Pleurotaceae	亚侧耳属 *Hohenbuehelia*

形态特征

菌盖中等大小，表面灰白色，中部色深，有绒毛，后渐光滑，具丝光。菌肉呈白色，薄。菌褶呈白色，稍密，延生。菌柄偏生至近侧生，白色，长 4~11cm，直径 0.8~1.8cm。

生境时期

秋季生于桦树等阔叶树腐木上，呈覆瓦状丛生。

用途

食用。

195 盖囊侧耳

Pleurotus cystidiosus O.K. Mill.

伞菌目 Agaricales | 侧耳科 Pleurotaceae | 侧耳属 *Pleurotus*

形态特征

子实体单生或丛生。菌盖直径3~24cm，呈暗灰褐色，中央稍凹。菌褶延生，呈黄白色，有明显的暗褐色边缘。菌肉厚，质地致密。菌柄长5~8cm，中实，呈淡白色。孢子无色，光滑，呈长椭圆形，(10.5~13.5)μm×(3.8~5)μm。

生境时期

夏季生于榕树、刺桐、凤凰木、番石榴、法国梧桐等腐朽的树木上。

用途

食用。

196 糙皮侧耳 *Pleurotus ostreatus* (Jacq.) P. Kumm.

伞菌目	侧耳科	侧耳属
Agaricales	Pleurotaceae	*Pleurotus*

形态特征

子实体丛生或叠生。菌盖呈覆瓦状丛生，直径一般为5~18cm，肉质肥厚柔软，菌褶为白色，长短不一。菌柄为侧生或偏生，呈白色，中实，直径1~4cm，长3~5cm，基部长有白色短绒毛。

生境时期

春秋季生于各种阔叶树的枯干、倒木或伐桩上。

用途

食用，药用。

197 肺形侧耳

Pleurotus pulmonarius (Fr.) Quél.

伞菌目 Agaricales | 侧耳科 Pleurotaceae | 侧耳属 *Pleurotus*

形态特征

子实体中等大。菌盖呈扁半球形至平展，倒卵形至肾形或近扇形，基部延长成柄，直径 4~8cm，最长可达 10cm，表面光滑，呈白色、灰白色至灰黄色，边缘平滑或稍呈波状。菌肉呈白色，靠近基部稍厚。菌褶呈白色，稍密，延生，不等长，有分叉与横脉，褶缘平滑。菌柄很短或几无，白色有绒毛，后期近光滑，内部实心至松软。孢子印为白色。孢子无色透明、光滑，近圆柱形。担子呈棒状，无色。无囊状体。

生境时期

夏秋季常生于阔叶树倒木、枯树干或木桩上，一般丛生。

用途

食用。

198 灰光柄菇

Pluteus cervinus (Schaeff.) Fr.

伞菌目 Agaricales | 光柄菇科 Pluteaceae | 光柄菇属 *Pluteus*

形态特征

子实体群生。菌盖直径 5~9cm，初期呈钟形，后为扁半球形，逐渐平展，中央隆起，表面为灰褐色至鼠灰色，被放射状、纤维状花纹或微细的小鳞片。菌肉为白色。菌褶离生，密集，初期为白色，后为肉红色。菌柄（6~12）cm×（0.6~1.2）cm，中实，表面白色，有和菌盖同色的纤维状花纹。孢子印为肉红色；孢子呈短椭圆形，（7~9.5）μm×（5~7）μm。

生境时期

春秋季生于各种阔叶树枯木、树桩上。

用途

食用。

199 黄光柄菇

Pluteus admirabilis (Peck) Peck

伞菌目	光柄菇科	光柄菇属
Agaricales	Pluteaceae	*Pluteus*

形态特征

菌盖直径 0.9~3cm，呈钟形、半球形至凸镜形，中央略凸起，新鲜时湿润，初期呈亮黄色，后鹅黄色至黄褐色，有皱纹，边缘具条纹。菌肉薄，呈白色至黄色。菌褶离生，不等长，不分叉，稠密，初期呈白色，后黄色至粉红色。菌柄长 3~5cm，直径 1.5~2.5mm，呈圆柱形，基部稍膨大，近白色、淡黄色至黄色，脆骨质，内部松软至空心。担孢子（5~6.5）μm×（4.5~5.5）μm，呈卵圆形、宽椭圆形至近球形，光滑，粉红色。

生境时期

夏秋季单生或群生于阔叶树腐木上。

用途

不明。

200	帽状光柄菇 *Pluteus petasatus* (Fr.) Gillet	伞菌目 Agaricales	光柄菇科 Pluteaceae	光柄菇属 *Pluteus*

形态特征

子实体中等至较大。菌盖直径 5~18cm，初期呈扁半球形，后期近平展，表面呈污白色至近乳白色，中部带褐色或灰褐色或有鳞片，边缘白色平滑。菌肉呈白色，较厚，松软，不变色。菌褶初期呈污白色至粉色，后呈粉肉色。

生境时期

夏末至秋季生林地、林缘腐物多的地上或腐朽木上。常群生、近丛生，稀单生。

用途

食用。

201 狮黄光柄菇

Pluteus leoninus (Schaeff.) P. Kumm.

伞菌目 Agaricales | 光柄菇科 Pluteaceae | 光柄菇属 *Pluteus*

形态特征

子实体较小。菌盖直径 3~7cm，初期近钟形或扁半球形，后期扁平，中部稍凸起，表面湿润，呈鲜黄色或橙黄色，顶部色深或有皱凸起，边缘有细条纹及光泽。菌肉薄、脆，白色带黄。菌褶密，稍宽，离生，不等长。菌柄长 3~8cm，直径 0.4~1cm，向下渐粗，基部稍膨大，呈黄白色，有纵条纹或深色纤毛状鳞片，内部松软至变空心。孢子印为肉色。孢子光滑，带浅黄色，近球形。

生境时期

夏季至秋季生阔叶树倒腐木或锯末上，往往大量群生或丛生。

用途

食用。

202	褐绒盖光柄菇 *Pluteus tricuspidatus* Velen.	伞菌目 Agaricales	光柄菇科 Pluteaceae	光柄菇属 *Pluteus*

形态特征

子实体中等至较大。菌盖直径 6~11cm，初期呈扁半球形，渐平展，中部稍凸起，表面为鹿皮褐色，具有细絮绒毛鳞片，中部为黑褐色，稍皱，边缘有纤毛状鳞片及细绒毛。菌肉为污白色。菌褶呈白色至肉粉黄色，密，离生，不等长，边缘为暗褐色。菌柄近圆柱形，向下稍增粗，略弯曲。孢子呈椭圆形，光滑，(6~8) μm × (4.5~5.5) μm。褶侧囊体壁厚，顶端有凸起。

生境时期

生于松树等倒腐木上，单生或群生。

用途

食用。

203 黏盖草菇

Volvopluteus gloiocephalus (DC.) Vizzini, Contu & Justo

伞菌目	光柄菇科	包脚菇属
Agaricales	Pluteaceae	*Volvopluteus*

形态特征

菌盖直径 6~13cm，初期呈钟形，后期渐平展，中部凸起，表面光滑，黏，为粉灰褐色至藕粉色，中部为棕灰色，边缘具长条棱。菌肉为白色至污白色。菌褶离生，初期呈灰白色，后期渐变为浅肉桂色，稍密。菌柄呈圆柱形，向基部渐膨大，白色或较菌盖色浅，内部实心至松软。菌托为白色，杯状。担孢子（10~15）μm×（7~8）μm, 呈宽椭圆形至椭圆形，光滑，淡粉红色。

生境时期

夏秋季单生或群生于草地或阔叶林中地上。

用途

食用，但也有文献记载有毒，慎食。

204 墨汁拟鬼伞

Coprinopsis atramentaria (Bull.) Redhead, Vilgalys & Moncalvo

伞菌目 Agaricales | 鬼伞科 Psathyrellaceae | 拟鬼伞属 *Coprinopsis*

形态特征

菌盖初期呈卵形至钟形，当开伞时一般开始液化流墨汁状汁液，未开伞前顶部钝圆，有灰褐色鳞片，边沿呈灰白色，具有条沟棱。菌肉初期呈白色，后变灰白色。菌褶很密，相互拥挤，离生，不等长，开始呈灰白色至灰粉色，最后成汁液。菌柄呈污白色，向下渐粗，菌环以下又渐变细，表面光滑，内部空心。

生境时期

春秋季丛生在地下有腐木的地方。

用途

食用，但也有人食用后中毒。

205 灰拟鬼伞

Coprinopsis cinerea (Schaeff.) Redhead, Vilgalys & Moncalvo

伞菌目 Agaricales | 鬼伞科 Psathyrellaceae | 拟鬼伞属 *Coprinopsis*

形态特征

菌盖直径 2~5cm，幼时呈椭圆形，白色至浅褐色或灰褐色，带污白色至银灰色绒毛状鳞片，成熟后逐渐变为钝圆锥形，表面呈灰褐色至灰色，边缘外卷，呈放射状开裂，并从边缘开始自溶。菌肉薄，呈白色至浅灰色。菌褶密，离生，初期为白色，后变为灰褐色。菌柄长 5~12cm，直径 0.4~1cm，空心，具稀疏白色绒毛，基部膨大并形成长根。

生境时期

夏秋季单生或散生于粪土、草堆上。

用途

不明。

206 速亡型心孢鬼伞

Narcissea ephemeroides (DC.) T. Bau, L.Y. Zhu & M. Huang

伞菌目 Agaricales | 鬼伞科 Psathyrellaceae | 心孢鬼伞属 *Narcissea*

形态特征

担子体微型。菌盖幼时近钟形，后渐平展，边缘内卷或上翘，呈浅灰色至灰色，半透明，菌盖表面具沟纹，被粉末状或颗粒状细鳞，呈米黄色、棕灰色、灰色，菌盖顶部颜色稍深。菌褶中等密度，不等长，离生，初期为白色，后黑化自溶。菌柄极细，中空，上部呈白色至浅灰色，下部渐变至浅棕色，半透明，菌柄中上部多具清晰可见的菌环。菌幕由表面具细小结痂的近球形细胞组成，无色，透明，薄壁。

生境时期

春季至秋季群生于牛粪或骡粪上。

用途

不明。

207 白小鬼伞

Coprinellus disseminatus (Pers.) J.E. Lange

伞菌目	鬼伞科	小鬼伞属
Agaricales	Psathyrellaceae	*Coprinellus*

形态特征

子实体小型，单生、丛生，不自溶。菌盖膜质，呈卵圆形至钟形，直径 0.5~1.5cm，有明显的长条棱，表面有细而短的绒毛。菌肉为白色，很薄。菌褶为灰白色，后变黑色，较稀，直生，不等长，不自溶，老后变干。菌柄呈白色，长 2~6cm，直径 0.5~1.2mm，有时稍弯曲，中空，脆。孢子印为黑色。孢子呈椭圆形，光滑，褐黑色。

生境时期

秋冬季生长在腐木上，或刚被砍伐的阔叶树树根分布的地上、树桩上，成群、成片生长。

用途

不明。

208 庭院小鬼伞

Coprinellus xanthothrix (Romagn.) Vilgalys, Hopple & Jacq. Johnson

伞菌目	鬼伞科	小鬼伞属
Agaricales	Psathyrellaceae	*Coprinellus*

形态特征

菌盖最初是蛋形，后为钟形。边缘具有深深的皱纹。表面稀疏地覆盖着淡云母状鳞片，主要靠近帽部中心。苍白的浅黄色在成熟时变得更灰。菌褶起初是白色的，后来变成灰色，然后变黑。菌柄空心，白色，基部附近略有肿胀，最高可达 10cm。

生境时期

腐生，春夏季生长于阔叶树桩上或旁边，以及枯死的树木上。

用途

不明。

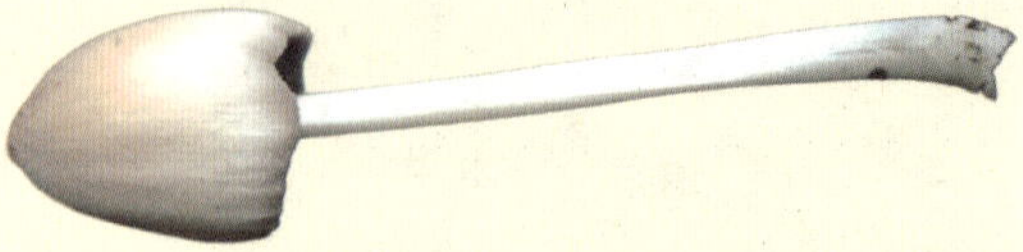

209 晶粒小鬼伞

Coprinellus micaceus (Bull.) Vilgalys, Hopple & Jacq. Johnson

伞菌目	鬼伞科	小鬼伞属
Agaricales	Psathyrellaceae	*Coprinellus*

形态特征

子实体小，不自溶。菌盖呈污黄色至黄褐色，中部为红褐色。菌肉为白色，膜质薄。菌褶初期呈黄白色，后变黑色。菌柄为白色，中空，呈圆柱形。孢子为黑褐色。

生境时期

常出现在柳树、榆树下潮湿的落叶层中。

用途

幼时可食，但与酒同吃可能会中毒。此菌还可产生腺嘌呤、胆碱和色胺等生物碱。

210 黄盖小脆柄菇

Candolleomyces candolleanus (Fr.) D. Wächt. & A. Melzer

伞菌目 Agaricales | 小脆柄菇科 Psathyrellaceae | 脆柄菇属 *Candolleomyces*

形态特征

子实体较小。菌盖初期呈钟形，后伸展常呈斗笠状，水浸状，初期呈浅蜜黄色至褐色，干时褪为污白色，往往顶部呈黄褐色，初期微粗糙，后光滑，干时有皱，幼时盖缘附有白色菌幕残片，后渐脱落。菌肉为白色，较薄，味温和。菌褶呈污白色、灰白色至褐紫灰色，直生，较窄，密，不等长，褶缘污白色，粗糙。菌柄细长，呈白色，质脆易断，圆柱形，有纵条纹或纤毛，有时弯曲，中空。

生境时期

夏秋季在林中、林缘、道旁腐朽木周围及草地上大量群生，或近丛生。

用途

有毒，可引起神经精神型中毒。

211 毡毛小脆柄菇

Lacrymaria lacrymabunda (Bull.) Pat.

伞菌目	小脆柄菇科	毡毛小脆柄菇属
Agaricales	Psathyrellaceae	*Lacrymaria*

形态特征

子实体较小。菌盖呈暗黄色、土褐色。菌肉近白色。菌柄呈圆柱形，无菌环。孢子呈浅黑褐色，近卵圆形、椭圆形或柠檬形。

生境时期

秋季生于落叶松林缘地上，丛生或群生。

用途

有毒。

212	白黄小脆柄菇 *Psathyrella candolleana* (Fr.) Maire	伞菌目 Agaricales	小脆柄菇科 Psathyrellaceae	小脆柄菇属 *Psathyrella*

形态特征

子实体较小，菌盖初期呈钟形，后伸展，常呈斗笠状，水浸状，直径 3~7cm，初期呈浅蜜黄色至褐色，干时褪为污白色，往往顶部呈黄褐色，初期微粗糙，后光滑，干时有皱，幼时盖缘附有白色菌幕残片，后渐脱落。菌肉呈白色，较薄，味温和。

生境时期

夏秋季在林中、林缘、道旁腐朽木周围及草地上大量群生，或近丛生。

用途

食用。

213 奥林匹亚小脆柄菇

Psathyrella olympiana A.H. Sm.

伞菌目 Agaricales | 小脆柄菇科 Psathyrellaceae | 小脆柄菇属 *Psathyrella*

形态特征

菌盖直径 0.5~3cm，幼时呈圆锥形至凸镜形，后渐平展，起初具白色小纤毛，成熟后具透明条纹，边缘通常为波状，水浸状，呈红棕色至暗褐色。菌肉薄，呈淡棕色，味道淡。菌褶密，直生，不等长，呈污白色至深红棕色，边缘具白色纤维状物。菌柄长 3~6cm，直径 0.3~0.5cm，圆柱形或基部略膨大，上部微白色，基部淡棕色。担孢子（8~9）μm×（4~5）μm，呈长椭圆形，光滑，红棕色。

生境时期

夏季单生或散生于林中地上。

用途

不明。

214 丛生脆柄菇

Psathyrella multissima (S. Imai) Hongo

伞菌目 Agaricales | 小脆柄菇科 Psathyrellaceae | 小脆柄菇属 *Psathyrella*

形态特征

菌盖直径 2~5cm，初期近圆锥形至半球形，后渐平展至钟形，中部略微凸起，湿时为黄褐色至黄棕色，水浸状，边缘具细条纹。菌肉薄，呈淡褐色，味道淡。菌褶密，直生，初期为淡棕色至棕褐色，成熟后为灰黑色，不等长。菌柄长 0.8~2.5cm，直径 0.3~0.5cm，圆柱形，中空管状，灰白色，平滑或具白色绒毛状物。担孢子（7~11）μm×（4.6~5.2）μm，椭圆形，光滑，呈深红棕色至褐色。

生境时期

夏秋季在林中、林缘、道旁腐朽木周围及草地上大量群生，或近丛生。

用途

不明。

215 双皮小脆柄菇

Psathyrella bipellis (Quél.) A.H. Sm.

伞菌目	小脆柄菇科	小脆柄菇属
Agaricales	Psathyrellaceae	*Psathyrella*

形态特征

菌盖直径 1~4cm，凸镜形，渐平展，初期呈暗紫色至紫红色，后期渐变为浅紫色至浅红褐色，表面具皱褶，边缘具明显条纹，菌盖边缘具菌幕残片。菌肉薄，脆，呈浅紫色。菌褶直生，密至稍稀疏，初期为浅紫色，渐变为暗浅紫褐色至暗灰色，边缘近白色。菌柄长 4~12cm，直径 2~5mm，等粗，脆，上部浅粉色至浅紫色，下部近白色，光滑或具纤丝。无菌环。担孢子（12~15）μm×（6~8）μm，椭圆形，光滑，呈淡紫褐色。

生境时期

春夏季散生或群生于林中地上或腐木上。

用途

不明。

216	须瑚菌 *Pterula multifida* E.P. Fr. ex Fr.	伞菌目 Agaricales	羽瑚菌科 Pterulaceae	羽瑚菌属 *Pterula*

形态特征

子实体由垂直、细、嫩的枝条紧密排列，分支多样，或纤细，或粗壮。基部开始为赭褐色，顶部发白，孢子呈椭圆形，光滑，透明，点状，(5~6) μm × (2.5~3.5) μm。

生境时期

生长在针叶林和混交林中，最常见于针叶林或枯木上。

用途

不明。

217 裂褶菌 *Schizophyllum commune* Fr.

伞菌目	裂褶菌科	裂褶菌属
Agaricales	Schizophyllaceae	*Schizophyllum*

形态特征

子实体小型，覆瓦状散生或丛生，扇形或肾形，无柄或短柄，盖面密生绒毛，白色至浅灰色。盖缘内卷，有条纹、多瓣裂。

生境时期

多在春季至秋季生长，野生于阔叶树及针叶树的枯枝倒木上，有时也生长在枯死的禾本科植物、竹类或野草上。

用途

食用，药用。

218 硬田头菇

Agrocybe dura (Bolton) Singer

伞菌目	球盖菇科	田头菇属
Agaricales	Strophariaceae	*Agrocybe*

形态特征

菌肉为白色，无特殊气味。菌褶带白色至青灰色、陶土色，后为褐色，密，中部宽，弯生，褶缘白色，具有极细之齿。菌柄长 5~8cm，直径 1~1.5cm，纤维质，内部充塞，顶端粉状，基部弯曲，有白色纤细根状菌索。菌环大，生柄上部，膜质，薄，常撕裂易消失。孢子印呈污褐色。孢子呈椭圆形、卵圆形，有芽孔。褶侧囊体无色，中部膨大至梭形或袋状，（30~50）μm×（12~18）μm。

生境时期

春季至秋季生于草地、田园、菜园等地。

用途

食用。

219 田头菇 *Agrocybe praecox* (Pers.) Fayod

伞菌目 Agaricales | 球盖菇科 Strophariaceae | 田头菇属 *Agrocybe*

形态特征

子实体一般稍小。菌盖直径 2~8cm，呈扁半球形，后渐平展，呈乳白色至淡黄色，边缘平滑，初期内卷，常有菌幕残片，稍黏，有时干后龟裂。

生境时期

一般春秋两季自然生于杨、柳、枫、榕等阔叶树的枯死树干和腐朽的树桩及埋于土内的树根上。

用途

食用，药用。

220 平田头菇 *Agrocybe pediades sensu Horak*

伞菌目 Agaricales | 球盖菇科 Strophariaceae | 田头菇属 *Agrocybe*

形态特征

子实体小。菌盖直径 1~3.5cm，初期呈半球形至扁半球形，后期扁平，顶部稍凸，湿润时稍黏，光滑，呈土黄色至褐黄色，中部为褐色，边缘平滑无条纹。

生境时期

春季至秋季生于地上，群生或散生。

用途

食用，药用。

221 砖红垂暮菇

Hypholoma lateritium (Schaeff.) P. Kumm.

伞菌目	球盖菇科	垂暮菇属
Agaricales	Strophariaceae	*Hypholoma*

形态特征

菌盖直径 1~9cm，初期呈半球形至凸起，后转变为宽凸起至平展，幼时呈凸顶圆头形，成熟后盖缘稍内卷或上卷，不黏至带湿气，呈浅茶褐色或红褐色至砖红色；盖顶通常不规则裂开。菌褶弯生至稍直生。菌柄长 3~10cm，直径 4~8mm，上部为白色至黄白色，水渍状，下部为褐色至锈褐色。无菌环。担孢子（6~7）μm×（4~5）μm。

生境时期

夏秋季在阔叶林中地上单生或群生。

用途

有毒。

222 簇生垂暮菇 *Hypholoma acutum* (Sacc.) E. Horak

伞菌目 Agaricales | 球盖菇科 Strophariaceae | 垂暮菇属 *Hypholoma*

形态特征

菌盖直径 0.3~4cm，初期呈圆锥形至钟形，后期近半球形至平展，中央钝至稍尖，呈硫黄色，至盖顶稍为红褐色至橙褐色，光滑，盖缘为硫黄色至灰硫黄色，并吸水至稍水渍状，干后易转变为黑褐色至暗红褐色，或水渍状部位为暗褐色；盖缘初期覆有黄色丝膜状菌幕残片，后期消失。菌肉呈浅黄色至柠檬黄色。菌褶弯生。菌柄长 1~5cm，直径 1~4mm，呈圆柱形，硫黄色，向下逐渐变为橙黄色至暗红褐色，担孢子为椭圆形至长椭圆形，光滑。

生境时期

一般在林中或灌木丛中生长，多见于夏季雨后。

用途

有毒。

223 多脂鳞伞 *Pholiota adiposa* (Batsch) P. Kumm.

伞菌目 Agaricales | 球盖菇科 Strophariaceae | 鳞伞属 *Pholiota*

形态特征

子实体新鲜时，肉质无臭无味。菌盖初期为扁半球形，后期平展，中部稍凸起，直径可达12cm，中部厚可达20mm。菌褶表面新鲜时为黄色至锈黄色，密，不等长，通常延生，脆质，干后变为深褐色。菌肉厚，呈淡黄色，无环带，干后为软木栓质，厚可达5mm。菌柄纤维质，中实，后期中空，黏至胶黏，基部色较深，菌环以下具与盖面相同的鳞片，柄长可达13cm，直径可达2cm。菌环上位，呈淡黄色，膜质，易脱落。

生境时期

春秋季生长在成片林区的柳树枯木上。

用途

食用。

224	金毛鳞伞 *Pholiota aurivella* (Batsch) P. Kumm.	伞菌目 Agaricales	球盖菇科 Strophariaceae	鳞伞属 *Pholiota*

形态特征

菌盖直径 5~15cm，呈扁半球形，后平展，不黏，密生平伏的鳞片，边缘平滑。菌盖边缘初期内卷，挂有纤维状菌幕残留物。菌肉初期呈淡色，后期呈柠檬黄色。菌褶弯生，稍密。菌柄长 6~12cm，直径 0.6~1.4cm，呈圆柱形，基部常为假根状，黏，上部为黄色，下部为锈褐色，孢子印为锈色。担孢子（7~10）μm×（4.5~6.5）μm，呈椭圆形，光滑，锈褐色。

生境时期

秋季生于树下、路旁及草原地上，单生至群生。

用途

食用。

225 白霜杯伞

Clitocybe dealbata (Sowerby) P. Kumm.

伞菌目	白蘑科	杯伞属
Agaricales	Tricholomataceae	*Clitocybe*

形态特征

子实体较小。菌盖直径 3~4cm，表面为白色或浅黄色或浅黄褐色。初期呈半球形，后中部稍下凹，有时呈漏斗状。边缘内卷或呈波浪状。菌肉为白色，具强烈的淀粉味。菌褶延生，稍密，呈白色或稍带黄色，长短不一。菌柄呈圆柱形，基部稍膨大，长 2~3.5cm，直径 0.2~0.6cm，纤维质，内部松软。

生境时期

夏秋季在林中地上成群或成丛生长。

用途

有毒。

226	深凹杯伞 *Clitocybe gibba* (Pers.) P. Kumm.	伞菌目 Agaricales	白蘑科 Tricholomataceae	杯伞属 *Clitocybe*

形态特征

子实体较小。菌盖直径 5~8cm，呈扁半球形至扁平，后中部下凹呈漏斗状，表面干，光亮，呈浅土红色至浅粉褐色。菌褶延生，密，呈污白色，不等长。菌柄细长，呈圆柱形，长 4~8cm，直径 0.4~1cm，光滑，较盖色浅，内部松软。

生境时期

不明。

用途

食用。

227 肉色香蘑

Lepista irina (Fr.) H.E. Bigelow

伞菌目	白蘑科	香蘑属
Agaricales	Tricholomataceae	*Lepista*

形态特征

子实体中等至稍大。菌盖直径 5~13cm，呈扁平球形至近平展，表面光滑，干燥，初期边缘絮状且内卷，带白色或淡肉色至暗黄白色。菌肉较厚，柔软，呈白色至带浅粉色。菌褶为白色至淡粉色，密或较密，直生至延生。菌柄色同菌盖色，表面纤维状，内实，上部粉状，下部多弯曲。

生境时期

秋季在草地、树林中地上群生或散生，往往形成蘑菇圈。

用途

食用，不过也有人怀疑此菌有毒。

228 紫丁香蘑

Lepista nuda (Bull.) Cooke

伞菌目	白蘑科	香蘑属
Agaricales	Tricholomataceae	*Lepista*

形态特征

子实体群生，呈半扁球形至平展，表面光滑、湿润，菌盖直径3~10cm，边缘稍内卷。菌肉为淡紫色，较厚。菌褶密，直生至稍延生，与菌盖同色稍浅，不等长。菌柄为淡紫色，长4~7cm，粗0.5~1.6cm，圆柱形，中生，基部稍膨大，实心。担孢子光滑、无色、椭圆形。

生境时期

秋季在林中地上群生，有时近丛生。

用途

食用。

229	油黄口蘑 *Tricholoma equestre* (L.) P. Kumm.	伞菌目 Agaricales	白蘑科 Tricholomataceae	口蘑属 *Tricholoma*

形态特征

子实体呈黄色。菌盖呈扁半球形至平展，顶部稍凸起，边缘平滑易开裂。菌肉稍厚。菌褶稍密，弯生，不等长，边缘为锯齿状。菌柄呈圆柱形，具纤毛状小鳞片，内实至松软，基部稍膨大。

生境时期

夏秋季在林中地上单生或群生。

用途

有毒。

230 黑白铦囊蘑

Melanoleuca melaleuca (Pers.) Murrill

伞菌目	口蘑科	铦囊蘑属
Agaricales	Tricholomataceae	*Melanoleuca*

形态特征

菌盖直径 3~7.5cm，呈扁球形至平展，中部凸起，湿时为烟褐色至黑褐色，干后为黄褐色至米黄色，水浸状。菌肉为白色，薄。菌褶为白色，密，弯生，不等长。菌柄长 4~5.5cm，直径 0.3~0.8cm，具褐色至暗紫褐色纵条纹，略扭转，内实，基部稍膨大，且有白色短绒毛。孢子印为白色。孢子无色，呈宽椭圆形至卵圆形，具麻点，(7.2~10.2) μm×(5~6.2) μm，囊状体为梭形，顶端有结晶,(32~56) μm×(6.3~10) μm。

生境时期

春秋季在林中地上单生或群生。

用途

食用。

231 杯伞

Clitocybe infundibuliformis (Schaeff.) Quél.

伞菌目	口蘑科	杯伞属
Agaricales	Tricholomataceae	*Clitocybe*

形态特征

子实体小至中等大。菌盖宽 5~10cm，中部下凹至漏斗状。往往幼时中央具小突尖，干燥，薄，呈浅黄褐色或肉色，微有丝状柔毛，后变光滑，边缘平滑波状。菌肉为白色，薄。菌褶白色，稍密，薄，窄，延生，不等长。菌柄呈圆柱形，长 4~7cm，直径 0.5~1.2cm，呈白色或近似菌盖色，光滑，内部松软，基部膨大且有白色绒毛。孢子印为白色。孢子无色，光滑，近卵圆形，(5.6~7.5) μm×(3~4.5) μm。

生境时期

秋季在林中地上或腐枝落叶层或草地上单生或群生。

用途

食用。

232 花脸香蘑

Lepista sordida (Schumach.) Singer

伞菌目	口蘑科	香蘑属
Agaricales	Tricholomataceae	*Lepista*

形态特征

菌盖幼时呈半球形，后平展，新鲜时为紫罗兰色，失水后渐淡至黄褐色，菌肉较薄，菌褶直生，呈淡紫色。菌柄实心，基部多弯曲。孢子呈宽椭圆形至卵圆形，无色。

生境时期

夏秋季在山坡草地、草原、菜园、村庄路旁、火烧地、堆肥等处群生或近丛生。

用途

食用。

233	鳞盖口蘑 *Tricholoma imbricatum* (Fr.) P. Kumm.	伞菌目 Agaricales	口蘑科 Tricholomataceae	口蘑属 *Tricholoma*

形态特征

菌肉为白色变红或有红色斑点，较厚。菌褶近白色，稍密，较宽，弯生，不等长。菌柄长5~9cm，直径1~1.5cm，呈圆柱形或近圆柱形，顶部为白色，下部为渐褐色，基部膨大且向下渐细。孢子印为白色。孢子无色，光滑，呈宽椭圆形，（6.2~7）μm×（3.5~5）μm。

生境时期

秋季在林中地上群生。

用途

食用。此菌属树木的外生菌根菌，据报道与云杉、冷杉、高山松等树木形成菌根。

234	黄拟口蘑 *Tricholoma vaccinum* (Schaeff.) P. Kumm.	伞菌目 Agaricales	口蘑科 Tricholomataceae	拟口蘑属 *Tricholoma*

形态特征

菌盖直径 2.5~6cm 或稍大，初期呈半球形，后扁平，中部下凹，边缘内卷。菌肉为黄色，薄。菌褶为黄色，密，直生又延生变至近离生，不等长，褶缘絮状。菌柄长 2~6.5cm，直径 0.3~0.7cm，呈污黄色至带褐黄色，具细小鳞片。孢子印为白色。孢子无色，光滑，呈宽椭圆形至卵圆形，（5.5~7）μm×（4~5.4）μm。褶缘囊体呈宽棍棒状至近纺锤形，稀泡囊状，（33.5~65）μm×（13~17）μm。

生境时期

夏秋季在腐木上群生、丛生或单生。

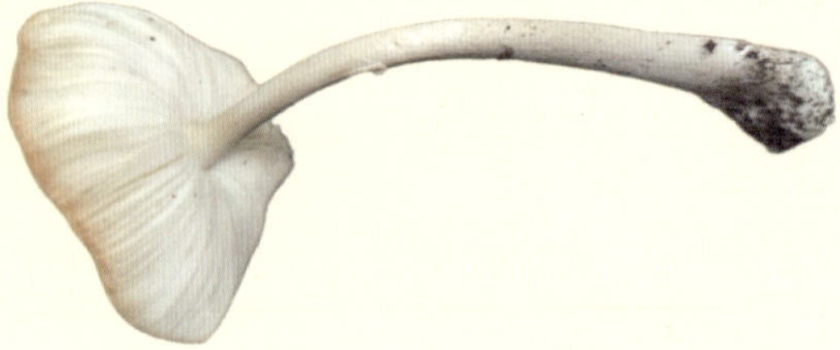

用途

食用。此菌属木生，可能对被着生树木有危害。

235 似湿粘环伞

Cyclocybe erebioide Angelini & Vizzini

伞菌目 Agaricales | 假脐菇科 Tubariaceae | 环伞属 *Cyclocybe*

形态特征

菌盖直径 3~6cm，幼时是凸的，成熟后变为平坦，中间部分稍凸起。表面干燥、光滑，褶皱往往向边缘呈放射状。成熟后边缘是干的，具有条纹；一开始是深棕色的，逐渐变亮呈棕黄色。菌柄直径 0.5cm，呈圆柱形，幼时颜色为白色，最终变为黑色。菌肉为白色，在处理后或长时间暴露在空气中后会变黑。孢子近椭圆形到近心形，孢子印为褐色。褶缘囊状体为狭壶状或近圆筒状。

生境时期

分散或群生在硬木或针叶树下、森林地面上。

用途

不明。

236 毒沟褶菇

Trogia venenata Zhu L. Yang, Yan C. Li & L.P. Tang

伞菌目	未定科	沟褶菌属
Agaricales	Incertae sedis	*Trogia*

形态特征

子实体呈半圆形至扇形，花瓣状，具一短柄；质地稍韧，薄革质，半透明状，近白色至米汤色，幼时稍带浅紫色；上表面较有光泽，下表面具明显的放射状脉纹。干后呈浅褐色。

生境时期

成熟期在每年的 7—9 月。

用途

有毒。

237	林地老伞 *Gerronema nemorale* Har. Takah.	伞菌目 Agaricales	未定科 Incertae sedis	老伞属 *Gerronema*

形态特征

担子体伞菌型，亚脐菇状至杯伞状，小型至中等大小。菌盖呈漏斗形或中凹，偶尔为凸镜形或中凸；光滑或被细毛，菌盖表皮有时随着生长被撑开，开裂成放射状纤丝。菌褶较密至稀疏，延生，较宽，不分叉。菌肉软或软骨质。菌柄发育良好，中生或略偏生，近圆柱形，基部常略膨大。

生境时期

生于夏末至秋季的阔叶林或针阔混交林的地上，可以单生或丛生。

用途

不明。

238 木耳

Auricularia heimuer F. Wu, B.K. Cui & Y.C. Dai

木耳目	木耳科	木耳属
Auriculariales	Auriculariaceae	*Auricularia*

形态特征

子实体薄而有弹性、胶质、半透明，中凹，常常呈耳状或环状，渐变为叶状。基部狭窄成耳根，表面光滑，或有脉络状的皱纹，直径一般 4~10cm。

生境时期

夏秋季生于多种阔叶树的腐木上。

用途

食用。

239	毛木耳 *Auricularia nigricans* (Sw.) Birkebak, Looney & Sánchez-García	木耳目 Auriculariales	木耳科 Auriculariaceae	木耳属 *Auricularia*

形态特征

子实体胶质，呈浅圆盘形、耳形或不规则形，宽 2~15μm。有明显基部，无柄，基部稍皱，新鲜时软，干后收缩。子实层里面平滑或稍有皱纹，呈紫灰色，后变黑色。

生境时期

在栎类、桑、杨、柳、刺槐等阔叶朽木上群生；构树腐朽处或朽树桩上最常见；偶见生泡桐朽枝上，但质地差，更坚硬。

用途

食用，药用。

240 焰耳

Phlogiotis helvelloides (DC.) G.W. Martin

木耳目	未定科	焰耳属
Auriculariales	Incertae sedis	*Phlogiotis*

形态特征

子实体一般较小，胶质，呈匙形或近漏斗状，柄部半开裂呈管状。高3~8cm，宽2~6cm，呈浅土红色或橙褐红色，内侧表面被白色粉末，子实层面近平滑，或有皱或近似网纹状，盖缘卷曲或后焰耳期呈波状，担子倒卵形，纵分裂成四部分，担子部分细长，(14~20) μm×(10~11) μm。菌丝长，有锁状联合，粗1~3μm。孢子呈宽椭圆形，光滑，无色，(9.5~12.5) μm×(4.5~7.5) μm。

生境时期

在针叶林或针阔叶混交林中地上单生或群生，有时近丛生，常生长在林地苔藓层或腐木上。

用途

食用。

241 硬皮地星 *Astraeus hygrometricus* (Pers.) Morgan

牛肝菌目 Boletales | 硬皮地星科 Astraeaceae | 硬皮地星属 *Astraeus*

形态特征

子实体开裂时呈球形，开裂后露出地面。外包被厚，成熟时开裂成 6~18 瓣，潮湿时外翻，干时内卷。外表面呈灰色至灰褐色，内侧为褐色。内包被薄膜质，呈扁球形，直径 2~2.8cm，呈灰色至褐色。

生境时期

夏季生长在林内沙土地上。

用途

孢体能入药，此菌外包被有吸湿作用，被视为观察森林的“森林干湿计”。

242	牛肝菌 *Boletus edulis* Bull.	牛肝菌目 Boletales	牛肝菌科 Boletaceae	牛肝菌属 *Boletus*

形态特征

菌盖呈扁半球形，光滑、淡褐色，菌肉呈白色，有酱香味，可入药。该菌菌体较大，肉肥厚，柄粗壮，味香甜可口，营养丰富，是一种世界性著名食用菌。

生境时期

牛肝菌在云南各地均有分布，产期为每年的6—10月。

用途

食用。

243 茶褐牛肝菌

Boletus brunneissimus W.F. Chiu

牛肝菌目	牛肝菌科	牛肝菌属
Boletales	Boletaceae	*Boletus*

形态特征

菌盖直径5~10cm，有绒毛，呈暗褐色、茶褐色至深肉桂色。菌肉呈淡黄色至黄色，伤后速变蓝色。菌管呈黄绿色，伤后变淡蓝色。孔口呈暗褐色至深肉桂色。菌柄长5~10cm，直径1~3.5cm，呈圆柱形，被暗褐色糠麸状鳞片，基部有暗褐色硬毛。担孢子（9~13）μm×（4~5）μm，呈长椭圆形至近梭形，光滑，呈淡青黄色。

生境时期

夏秋季于针叶林地、松栎混交林地上群生、散生。

用途

食用。

244 考夫曼牛肝菌

Boletus kauffmanii Lohwag

牛肝菌目	牛肝菌科	牛肝菌属
Boletales	Boletaceae	*Boletus*

形态特征

子实体近中等大。菌盖直径5~12cm，呈扁半球形、凸镜形至近平展，暗黄褐色至灰黄色，被细小绒毛状鳞片。菌肉呈黄色至淡黄色，伤后不变色，有苦味。菌管及孔口初期呈黄色，成熟后呈橄榄黄色至金黄色，伤后变黄褐色。菌柄长7~13cm，直径2~3cm，呈圆柱形，污黄色至淡褐色，大部被有暗色网纹，基部有金黄色菌丝体。担孢子（9~13.5）μm×（4~5）μm，呈近梭形至长椭圆形，淡黄色。

生境时期

夏秋季生于松林中地上。

用途

食用。

245

亚绒盖牛肝菌

Boletus subtomentos L.

牛肝菌目	牛肝菌科	牛肝菌属
Boletales	Boletaceae	*Boletus*

形态特征

子实体中等至较大。菌盖直径4.2~15cm，呈扁半球形至近扁平，黄褐色、土黄色或深土褐色，老后呈猪肝色，干燥，被绒毛，有时龟裂。菌肉呈淡白色至带黄色，伤后不变蓝色。菌柄长5~8cm，直径1~1.2cm，呈圆柱形，无网纹，但顶部偶有不显著的网纹或棱纹，实心，呈淡黄色或淡黄褐色。担孢子（11~14）μm×（4.5~5.2）μm，呈椭圆形或近纺锤形，光滑，淡黄褐色。

生境时期

夏秋季于阔叶林或杂交林中地上散生。

用途

食用。属外生菌根菌，与松、栗、榛、山毛榉、栎、杨、柳、云杉、椴等形成菌根。

246	毒牛肝菌 *Boletus venenatus* Nagas.	牛肝菌目 Boletales	牛肝菌科 Boletaceae	牛肝菌属 *Boletus*

形态特征

菌盖直径 8~15cm，呈扁半球形至不规则凸镜形，黄褐色至黄色，边缘稍延生。菌肉为黄色至米黄色，伤后速变暗蓝色。菌管呈淡黄色至黄褐色，伤后稍变蓝色，孔口为淡黄色，伤后变蓝色，随后呈褐色。菌柄长 7~12cm，直径 1.5~3cm，呈圆柱形，淡黄色，近光滑，仅顶部有不清晰的网纹，基部有黄色菌丝体。担孢子（13~16）μm×（4.5~5.5）μm，呈长椭圆形至近梭形，淡橄榄黄色，光滑。

生境时期

夏秋季生于针叶林中地上。

用途

有毒。

247 黏盖牛肝菌

Boletus viscidiceps B. Feng, Y.Y. Cui, J.P. Xu & Zhu L. Yang

牛肝菌目	牛肝菌科	牛肝菌属
Boletales	Boletaceae	*Boletus*

形态特征

菌盖直径范围在 3~10cm，初期呈半球形，随着生长进程逐渐平展。边缘部位较薄，起初向内卷曲，后续演变为波状形态。其颜色表现为土黄色至淡黄褐色过渡，在干燥后呈现肉桂色特征。菌盖表面质地光滑，湿度较高时极具黏性，而干燥状态下则显现光泽质感。菌肉色泽呈淡黄色。菌管呈延生式生长模式，与菌肉之间紧密相连，难以实现分离操作，其颜色呈现淡黄褐色。

生境时期

夏秋季生于松林或其他针叶林中地上，丛生或群生。

用途

食用。

248 粉黄牛肝菌

Butyriboletus roseoflavus (Hai B. Li & Hai L. Wei) D. Arora & J.L. Frank

牛肝菌目	牛肝菌科	黄肉牛肝菌属
Boletales	Boletaceae	*Butyriboletus*

形态特征

菌盖直径 6~12cm，呈半球形至凸镜形，有绒感或短绒毛，初为紫红色等，成熟后色变淡，菌肉为黄色至米黄色，伤后微变色，菌管与孔口为黄色，伤后变蓝。菌柄长 7~12cm，直径 1.5~3cm，呈圆柱形，上半部网纹明显，下半部不明显，菌柄、菌肉为淡黄色至米黄色，伤处局部变蓝。担孢子（9~12）μm×（3.3~4.5）μm，呈长椭圆形至近梭形，光滑，淡黄色。

生境时期

夏秋季生于针叶林中地上。

用途

食用。

249 松塔牛肝菌

Strobilomyces strobilaceus (Scop.) Berk.

牛肝菌目	牛肝菌科	松塔牛肝菌属
Boletales	Boletaceae	*Strobilomyces*

形态特征

子实体中等偏大。菌盖初为半球形，后平展，呈黑褐色、黑色或紫褐色，表面具粗糙毡毛状鳞片或疣，有直立、反卷或角锥状等形态，菌幕脱落后残留于菌盖边缘。菌褶直生或稍延生，由污白色或灰色渐变为褐色或淡黑色，管口多角形且与菌管同色。菌柄与菌盖同色，上下近等粗或基部稍膨大，顶端有网棱，下部有鳞片与绒毛。

生境时期

夏秋季于阔叶林或混交林中地上单生或散生。

用途

食用。常与栗、松、栎形成外生菌根，对森林生态有重要意义。

250 点柄乳牛肝菌

Suillus granulatus (L.) Roussel

牛肝菌目 Boletales | 牛肝菌科 Boletaceae | 乳牛肝菌属 *Suillus*

形态特征

子实体中等大小。菌盖呈扁半球形或近扁平，淡黄色或黄褐色，具强黏性，干后有光泽。菌肉为淡黄色。菌管直生或稍延生，呈角形。菌柄为淡黄褐色，顶端偶有 1cm 网纹，其半数或整体具暗色腺体与腺点。孢子为无色至淡黄色，呈长椭圆形。管缘囊状体成束，呈淡黄色至黄褐色，多为棒状。

生境时期

夏秋季于松林及混交林地上散生、群生或丛生。

用途

药用。

251 新苦粉孢牛肝菌 *Tylopilus neofelleus* Hongo

牛肝菌目 Boletales | 牛肝菌科 Boletaceae | 粉孢牛肝菌属 *Tylopilus*

形态特征

子实体较大。菌盖以褐色为主，直径 3~15cm，呈扁半球形，菌肉为白色。菌管层近凹生。菌柄较粗壮，基部略膨大，上部色浅，下部为深褐色，有明显或不很明显的网纹，内部实心，长 3~10cm，直径 1.5~2cm。孢子印为肉粉色。孢子近无色或带肉色，呈长椭圆形或近纺锤形，平滑。管缘囊体为淡黄色，近梭形或披针形，（25~75）μm×（3.5~5）μm。

生境时期

夏秋季在马尾松或混交林的地上单个或成群生长。

用途

有毒。

252 类铅紫粉孢牛肝菌

Tylopilus plumbeoviolaceoides T.H. Li, B. Song & Y.H. Shen

牛肝菌目 Boletales | 牛肝菌科 Boletaceae | 粉孢牛肝菌属 *Tylopilus*

形态特征

菌盖直径 3~11cm，呈半球形至平展，深紫色或紫色带棕色至栗褐色，颜色变化较大，易随生长环境及成熟程度变化，湿时黏，光滑至稍带微绒毛。菌肉近柄处厚 3~8mm，呈白色至近白色，伤后变粉红色至淡紫红色，味道极苦。菌管 6~12mm，初时为灰白色至粉白色，渐变粉色至浅紫褐色，伤后不变色或稍变粉褐色，近柄处下凹，离生至微弯生或延生。孔口 1 个 /mm，呈多角形。菌柄长 4~9cm，直径 0.5~1.2cm，呈圆柱形，与菌盖同色，光滑或顶部稍带纵条纹或细网纹，基部有白色菌丝体。担孢子（8.3~10.6）μm×（3~4.2）μm，呈长椭圆形、椭圆形至近梭形，光滑，近无色至淡粉棕色。

生境时期

夏秋季群生或散生于林中。

用途

有毒。

253	苦粉孢牛肝菌 *Tylopilus felleus* (Bull.) P. Karst.	牛肝菌目 Boletales	牛肝菌科 Boletaceae	粉孢牛肝菌属 *Tylopilus*

形态特征

子实体较大。菌盖以褐色为主，直径3~15cm，呈扁半球形，后平展，豆沙色、浅褐色、朽叶色或灰紫褐色，幼时具绒毛，老后近光滑。菌肉为白色，伤变不明显，味很苦。菌管层近凹生，管口之间不易分离。菌柄较粗壮，基部略膨大，上部色浅，下部为深褐色，有明显或不明显的网纹，内部实心，长3~10cm，直径1.5~2cm。孢子印为肉粉色。孢子近无色或带肉色，呈长椭圆形或近纺锤形，平滑，（8.7~11）μm×（3.8~4.5）μm。管缘囊体为淡黄色，近梭形或披针形，（25~75）μm×（3.5~5）μm。

生境时期

夏秋季在马尾松或混交林地上单个或成群生长。

用途

有毒。此菌与松、栎等形成外生菌根。

254 绿盖粉孢牛肝菌

Tylopilus virens (W.F. Chiu) Hongo

牛肝菌目 Boletales | 牛肝菌科 Boletaceae | 粉孢牛肝菌属 *Tylopilus*

形态特征

子实体小至中等大。菌盖直径 2.5~8cm，呈半球形或扁半球形至近平展，幼时为暗绿色、暗草绿色或暗黄橘青色，老后为深姜黄色至芥黄色。菌管为浅刚果红色，长达 2mm，生至离生，管口直径 1~2mm，可达 4mm，与菌管同色，近圆形。菌柄长 2~9cm，直径 7~20mm，呈淡青黄色或松黄色，并有黄橄榄色条纹，有时部分带红，基部带黄色或金黄色，内实。菌肉呈淡黄色，不变色，稍厚。孢子呈淡橄榄色，椭圆形，光滑。

生境时期

夏秋季于油杉等林中地上单生、群生。

用途

食用。可能同油杉等多种树木形成外生菌根。

255 红绒盖牛肝菌

Xerocomus chrysenteron (Bull.) Quél.

牛肝菌目	牛肝菌科	绒盖牛肝菌属
Boletales	Boletaceae	*Xerocomus*

形态特征

子实体中等大。菌盖直径 3.5~9cm，呈半球形，有时中部下凹，呈暗红色或红褐色，后呈污褐色或土黄色，干燥，被绒毛。菌肉为黄白色，伤后变蓝色，直生或在菌柄周围凹陷。管口角形，宽 1~2mm，管面不整齐。柄长 2~5cm，粗 0.8~1.5cm，呈圆柱形，上下略等粗或基部稍粗，上部带黄色，其他部分有红色小点或近条纹，无网纹，内实。孢子印呈橄榄褐色。孢子呈椭圆形或纺锤形，平滑，带淡黄褐色，（10.4~14.3）μm×（5~5.5）μm。管侧囊体无色，似纺锤形，顶端圆钝或稍尖，（38~42）μm×（6~10）μm。

生境时期

夏秋季于林中地上散生或群生。

用途

食用。此菌可与栗、山杨、柳、榛、栎等形成外生菌根。

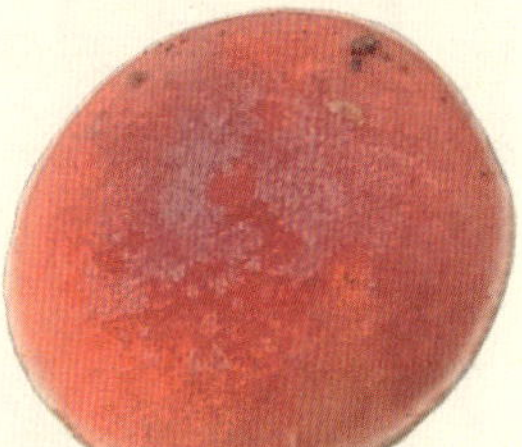

256	褶孔牛肝菌 *Boletinellus merulioides* (Schwein.) Murrill	牛肝菌目 Boletales	牛肝菌科 Boletinellaceae	褶孔牛肝菌属 *Boletinellus*

形态特征

菌盖最初是凸起的，成熟时变平至凸起，直径 5~20cm。菌盖表面干燥至略带黏性，光滑或覆盖有微小的原纤维。颜色从黄褐色到红棕色不等，伤后呈暗黄褐色。菌肉呈白色至淡黄色或黄色，切片时有时会出现蓝色瘀伤，尤其是在茎的基部。

生境时期

分散或成群生长在地面上，几乎总是在白蜡树附近，但很少在枫树和白松附近。

用途

食用。

257 淡粉色铆钉菇

Chroogomphus roseolus Yan C. Li & Zhu L. Yang

牛肝菌目	铆钉菇科	色钉菇属
Boletales	Gomphidiaceae	*Chroogomphus*

形态特征

菌盖直径 2~2.5cm，呈扁半球形，淡粉红色，边缘为紫红色，被绒毛状至纤丝状鳞片。菌肉呈橘黄色至淡黄色。菌褶延伸，稀疏，呈淡橘黄色至灰橘黄色。菌柄长 3~6cm，直径 0.3~0.6cm，呈圆柱形，淡橘黄色，被为淡粉红色鳞片，基部菌丝体为淡粉红色。担孢子（15~19）μm×（6~7.5）μm，呈椭圆形至近梭形，光滑，淡褐色。

生境时期

夏秋季在松林地上单生或群生。

用途

食用。该菌可与赤松形成外生菌根，大量生长。

258 柯氏尿囊菌 *Paxillus curtisii* Berk.

牛肝菌目 Boletales | 网褶菌科 Paxillaceae | 网褶菌属 *Paxillus*

形态特征

子实体中等偏大，无柄。菌盖扁平、半圆或扁形，平展，直径3~15cm，初为黄色后为茶褐灰色，表有绒毛或光滑，边内卷。菌肉为黄色且腥臭。菌褶密，波状，长短不一，交织成网，初为橘黄色后为青色至深烟色。孢子印为锈色，孢子光滑微小，呈椭圆形，浅青黄色，(3~4)μm×(2~2.5)μm。

生境时期

夏秋季在阔叶林等树木桩上覆瓦状生长。

用途

此菌不论新鲜或干燥时均有强烈的腥臭气味，一般无人采食，有文献记载其有毒。

259	卷边网褶菌 *Paxillus involutus* (Batsch) Fr.	牛肝菌目 Boletales	网褶菌科 Paxillaceae	网褶菌属 *Paxillus*

形态特征

子实体中等至较大，色泽介于浅土黄色与青褐色之间。菌盖初呈扁半球形，边缘内卷，渐趋平展且中部下凹如漏斗状。湿润时具微黏性，后期绒毛渐疏至近光滑。

生境时期

春末至秋季多在杨树等阔叶林地上群生，丛生或散生。

用途

有毒，可导致溶血性中毒。可与杨、柳、落叶松、云杉、松、桦、山毛榉、栎等树木形成外生菌根。

260 彩色豆马勃 *Pisolithus arhizus* (Scop.) Rauschert

牛肝菌目 Boletales | 硬皮马勃科 Sclerodermataceae | 豆马勃属 *Pisolithus*

形态特征

内部由产孢组织聚成豆粒大小的小包，埋藏在黑褐色褶质中，小包直径 0.1~0.5cm, 内含孢子，成熟时从顶端往下小包壁渐破裂，里面的孢子变成褐色粉末飞散出去，留下柄状的基部。

生境时期

夏秋季单生或群生于松树等林中沙地或草地上。

用途

药用。

261	网硬皮马勃 *Scleroderma areolatum* Ehrenb.	牛肝菌目 Boletales	硬皮马勃科 Sclerodermatacea	硬皮马勃属 *Scleroderma*

形态特征

直径 1~5cm，呈圆形或形状像倒置的“梨”。表面光滑，年轻时呈红色瘀伤，变成鳞片状（尤其是在顶端附近），成熟时获得“豹皮”外观，在淡黄色的基色上有小的褐色鳞片，基部附着白色根状体。

生境时期

夏秋季在潮湿、阴凉的树林中与硬木和针叶树形成菌根，但也可能是腐生的。

用途

不明。

262 厚环黏盖牛肝菌 *Suillus grevillei* (Klotzsch) Singer

牛肝菌目 Boletales | 乳牛肝菌科 Suillaceae | 乳牛肝菌属 *Suillus*

形态特征

子实体小至中等。菌盖直径 4~10cm，呈扁半球形，后中央凸起，有时中央下凹，光滑，黏，呈赤褐色到栗褐色。菌肉为淡黄色。菌管初色淡，后变淡呈灰黄色或淡褐黄色，伤后变淡呈紫红色或带褐色，直生至近延生。管口较小，角形，部分复式，1~2 个 /mm。菌柄长 4~10cm，直径 0.7~2.3cm，近柱形，菌环厚。孢子印为黄褐色至栗褐色，孢子呈椭圆形或近纺锤形，平滑，带橄榄黄色，(8.7~10.4) μm × (3.5~4.2) μm。

生境时期

秋季于松林中地上单生、群生或丛生。

用途

食用。

263 小鸡油菌

Cantharellus minor Peck

鸡油菌目 Cantharellales | 鸡油菌科 Cantharellaceae | 鸡油菌属 *Cantharellus*

形态特征

子实体小，肉质，呈喇叭形。菌盖宽 1~3cm，呈橙黄色，中部初扁平，后下凹，边缘不规则波状，内卷。菌肉很薄。菌褶较稀疏，分叉，延生。

生境时期

于混交林中地上群生，有时丛生。

用途

食用。

264	鸡油菌 *Cantharellus cibarius* Fr.	鸡油菌目 Cantharellales	鸡油菌科 Cantharellaceae	鸡油菌属 *Cantharellus*

形态特征

菌盖 3~10cm，高 7~12cm，初扁平，后渐下凹，边缘伸展，波状或瓣状，内卷。菌肉稍厚，呈蛋黄色。菌褶棱状，窄，向下延生至柄部，分叉。

生境时期

多散生或群生在海拔 600~1200m 的阔叶林内。多生于南向、东南向的山梁或山腰，坡度为 20° 左右的坡地，沟谷洼地很少发生。

用途

食用，药用。

265 灰喇叭菌

Craterellus cornucopioides (L. : Fr.) Pers.

鸡油菌目 Cantharellales | 鸡油菌科 Cantharellaceae | 喇叭菌属 *Craterellus*

形态特征

子实体小型至中型，整体呈喇叭形或号角形，全体为灰褐色至灰黑色，菌盖直径 2~5cm，中部凹陷很深，可达基部，表面有细小鳞片，边缘波状或不规则形向内卷曲。

生境时期

于阔叶林中地上单生、群生或丛生。

用途

食用。质地脆嫩，富含 15 种氨基酸。

266 珊瑚状锁瑚菌

Clavulina coralloides (L.) J. Schröt.

鸡油菌目 Cantharellales | 锁瑚菌科 Clavulinaceae | 锁瑚菌属 *Clavulina*

形态特征

子实体总体高 3~6cm，直径 2~5cm，珊瑚状，多分枝，呈白色、灰白色或淡粉红色，枝顶端有丛状容鹤尖的小枝。菌肉为白色，伤后不变色，内实。担子（40~60）μm×（6~8）μm，双孢，棒形，稀有横隔，具 2 个小梗。担孢子（7~9.5）μm×（6~7.5）μm，近球形，光滑，内含 1 个大油球。

生境时期

夏秋季生于针阔混交林中地上。

用途

食用。

267	尖顶地星 *Geastrum triplex* (Jungh.) Fisch	地星目 Geastrales	地星科 Geastraceae	地星属 *Geastrum*

形态特征

子实体较小，外表光滑呈蛋壳色，内层肉质呈栗褐色，往往中部分离并部分脱落，仅保留基部，内包被无柄，呈球形，粉灰色至烟灰色，孢子呈褐色。

生境时期

夏秋两季雨后生于林内地上。

用途

药用。

268 袋形地星

Geastrum spegazzinianum De Toni

地星目	地星科	地星属
Geastrales	Geastraceae	*Geastrum*

生境时期

秋季在林中地上单生或群生。

用途

药用。

形态特征

外包被基部呈深袋形，上半部分裂为5~8个尖瓣，外表光滑，呈蛋壳色；内侧肉质，干后变薄，呈浅肉桂灰色。内包被无柄，呈球形，浅棕灰色，直径1~2cm。嘴部明显，色较浅，呈圆锥形，周围凹陷，有光泽。孢子为球形，褐色，有小疣，直径3.5~5μm。孢丝为浅褐色，厚壁，粗达4~6μm。

269 枝瑚菌 *Ramaria stricta* (Pers.) Quél.

钉菇目 Gomphales | 钉菇科 Gomphaceae | 枝瑚菌属 *Ramaria*

形态特征

子实体高 8~12cm，直径 4~8cm，多分枝呈帚状。主枝 3~5 个，肉质，上展，呈紫褐色，伤后缓慢变为红褐色。分枝 3~5 回，呈圆柱形，枝顶细长，二叉分枝，幼时色较暗，老时与主分枝同色。菌柄长 2~4cm，直径 2~3cm，肉质，基部圆钝或假根状，呈紫褐色。菌肉呈白色。担孢子（10.5~12）μm×（5~6）μm，呈长椭圆形，表面被瘤状至每杆状纹。

生境时期

在阔叶树的腐木或枝条上群生。

用途

食用，味微苦，具芳香气味。

270	黄枝瑚菌 *Ramaria flava* (Schaeff.) Quél.	钉菇目 Gomphales	钉菇科 Gomphaceae	枝瑚菌属 *Ramaria*

形态特征

子实体中等或较大，成丛多分枝似珊瑚，表面为黄色，干燥后为青褐色，高 10~20cm，宽 5~15cm。菌柄较短，长 4~6cm，直径 1.5~2.5cm，靠近基部近污白色。小枝密集，稍扁，节间的距离较长。担子呈棒状，具 4 小梗，（40~55）μm×（7~10）μm。孢子呈椭圆形，浅黄色，具小疣，含油滴，（10~16）μm×（4.5~6）μm。

生境时期

常在阔叶林中地上成群生长。

用途

食用，味较好，但也有记载其有毒，食后引起呕吐、腹痛、腹泻等中毒反应。

271 亚洲枝瑚菌

Ramaria asiatica (R.H.Petersen & M.Zang) R.H.Petersen

钉菇目	钉菇科	枝瑚菌属
Gomphales	Gomphaceae	*Ramaria*

形态特征

子实体高 8~12cm，直径 4~8cm，多分枝呈帚状。主枝 3~5 个，肉质，上展，呈紫褐色，伤后缓慢变为红褐色。分枝 3~5 回，呈圆柱形，枝顶细长，二叉分枝，幼时色较暗，老时与主分枝同色。菌柄长 2~4cm，直径 2~3cm，肉质，基部圆钝或假根状，呈紫褐色。菌肉为白色。担孢子（10.5~12）μm×（5~6）μm，呈长椭圆形，表面被瘤状至短杆状纹。

生境时期

夏秋季在山区云杉等针叶林的落叶层、枯枝或落果上群生，且密集分布。

用途

食用。

272 多年集毛孔菌 *Coltricia perennis* (L.) Murrill

锈革孔菌目 Hymenochaetales | 锈革孔菌科 Hymenochaetaceae | 集毛孔菌属 *Coltricia*

形态特征

子实体一年生，具中生柄，软革质，无明显气味。菌盖近圆形，通常数个菌盖合生，直径可达 6cm，中部厚可达 13mm；表面幼嫩时为肉桂色至深褐色，成熟后为浅灰色，具明显的同心环带，被绒毛或短绒毛；边缘薄，锐，干后内卷。菌肉为锈褐色，革质，厚可达 10mm。菌管为浅灰褐色，明显浅于菌肉颜色，软木栓质，长可达 3.5mm。菌柄呈暗红褐色，木栓质，被短绒毛，长可达 4cm，直径可达 6mm。担孢子（7~9）μm×（4.2~5）μm，呈椭圆形，浅黄色，厚壁，光滑，非淀粉质，不嗜蓝。

生境时期

夏秋季生于松树等针叶树的干基及附近，群生或散生。

用途

药用。

273 肉桂色集毛菌 *Coltricia cinnamomea* (Jacq.) Murrill

锈革孔菌目 Hymenochaetales | 锈革孔菌科 Hymenochaetaceae | 集毛孔菌属 *Coltricia*

形态特征

子实体散生或群生。菌盖革质薄圆，中央脐状或近漏斗形，呈鲜肉桂色，有环带、光泽与辐射纤毛，边缘薄锐内卷。柄中生圆柱，与菌盖同色有细绒。菌肉色同菌盖色且薄。菌管短，管口色深多角形。孢子为淡黄褐色，光滑，呈椭圆形，(6~7.5) μm×（4~5）μm。

生境时期

夏秋季生于林中地上、山坡上。

用途

可分解木材，为木腐真菌。

274 淡黄木层孔菌

Fuscoporia gilva (Schwein.) T. Wagner & M. Fisch.

锈革孔菌目	锈革孔菌科	木层孔菌属
Hymenochaetales	Hymenochaetaceae	*Fuscoporia*

形态特征

子实体中等大，木栓质，无菌柄。菌盖平状而反卷，呈半圆形，复瓦状，锈褐色，活跃生长期为金黄褐色，成熟期变暗褐色，无环带，有粗毛或粗糙。菌盖边缘薄锐，常呈黄色。菌肉为浅锈黄色至锈褐色。菌管长 2~6.5mm，罕有 2~3 层。管口呈咖啡色至浅烟色。刚毛多，呈褐色，锥形。

生境时期

生于柳、栎、女贞等阔叶树及柳杉等针叶树的腐木上。

用途

药用。

275 宽齿丝齿菌

Hyphodontia radula (Pers.) Langer & Vesterh.

锈革孔菌目 Hymenochaetales | 锈革孔菌科 Hymenochaetaceae | 丝齿菌属 *Hyphodontia*

形态特征

子实体一年生，平伏，不易与基物剥离，新鲜时为革质，干后为软木栓质，长可达 6cm，宽可达 2cm，厚可达 1mm。孔口表面初期呈奶油色，后期呈乳黄色至淡黄褐色；多角形，2~4 个 /mm；边缘薄，撕裂状。菌肉干后为黄褐色，厚可达0.1mm。菌管与菌肉同色，长可达 0.9mm。担孢子（4.6~5.5）μm×（3~3.6）μm，呈宽椭圆形至卵圆形，无色，薄壁，光滑，非淀粉质，不嗜蓝。

生境时期

夏秋季生于阔叶树上，造成木材白色腐朽。

用途

不明。

276 大黄锈革菌

Hymenochaete rheicolor (Mont.) Lév.

锈革孔菌目 Hymenochaetales | 锈革孔菌科 Hymenochaete | 锈革菌属 *Hymenochaete*

形态特征

子实体平伏，贴基物生长，不易剥离，新鲜时革质，干后较硬碎，形状不规则，多为长方圆形、椭圆形，边缘有时反卷，其反卷部分的背面呈暗锈褐色至琥珀色，似有细绒毛；边缘很窄，呈红褐色。子实层呈紫红色或暗血红色，后期或干时呈土褐红色或豆沙色。

生境时期

生于云杉、冷杉和栎、柳、杜鹃等阔叶树枯立木、枯枝、倒木上。偶尔生长在木耳的段木上，视为“杂菌”。

用途

此菌侵害树木多种，可引起木材白色腐朽。

277 粗毛纤孔菌

Inonotus hispidus (Bull.) P. Karst.

锈革孔菌目	锈革孔菌科	纤孔菌属
Hymenochaetales	Hymenochaetaceae	*Inonotus*

形态特征

担子果一年生，通常单生，有时呈覆瓦状叠生丛生，无臭无味。菌盖平展至半圆形，表面为浅褐色，活跃生长期为金黄褐色，成熟期变暗褐色，被粗毛，无环纹，边缘钝。孔口表面为淡褐色至暗褐色。

生境时期

生长于活力木上，偶尔也生长于倒木上，子实体在夏季和秋季出现，晚秋后死亡，菌丝在木材内能存活多年，在温度和湿度适合时，每年均可产生子实体。

用途

药用。

278 辐射状纤孔菌 *Inonotus radiatus* (Sowerby) P. Karst.

锈革孔菌目	锈革孔菌科	纤孔菌属
Hymenochaetales	Hymenochaetaceae	*Inonotus*

形态特征

子实体小。菌盖无柄，呈半圆形，复瓦状生长，往往相互接连，呈黄褐色至红褐色，有细绒毛，常具辐射状皱纹及粗糙，边缘薄而锐，菌肉为黄褐色。管口初期呈污白色，圆形，渐呈褐色并齿裂。孢子无色，呈宽椭圆形，厚壁，光滑。

生境时期

腐生于杨、柳及壳斗科等树木上。

用途

属木腐菌，分解木质素的能力较强。

279 中国锈迷孔菌 *Porodaedalea chinensis*

锈革孔菌目 Hymenochaetales | 锈革孔菌科 Hymenochaetaceae | 锈迷孔菌属 *Porodaedalea*

形态特征

担子果一年生到多年生，无柄，木栓质到木质。菌盖呈半圆形，马蹄形或其他形状，表面有绒毛到光滑，常有同心环沟。菌肉呈肉色或淡黄褐色。菌管和孔面与菌肉几乎同色。管口孔状、迷宫状或褶状。菌丝广泛为椭圆形，透明质，从薄到略厚的壁，光滑，中等嗜蓝的孢子，尺寸为（4~6）μm×（3~4.8）μm。

生境时期

春夏之交或夏季生长在阔叶树树干上，分布于中国西南地区。

用途

可用于防治植物病害，如蔬菜的枯萎病和锈病等，也可用于制作食用菌酱油。

280 红笼头菌 *Clathrus ruber* P. Micheli ex Pers.

鬼笔目 Phallales | 鬼笔科 Phallaceae | 笼头菌属 *Clathrus*

形态特征

子实体近球形，由许多网格组成，笼头状，中空，红色，网棱近海绵状，外侧较平滑，内侧不平。孢体呈暗青褐色，黏液有腥臭味，着生于网格的内侧。在菌体的基部有一白色菌托包裹。

生境时期

春季至秋季生于林中空地、山坡草地上。

用途

药用。

281 围篱状散尾鬼笔

Lysurus periphragmoides (Klotzsch ex Hook.) Dring

鬼笔目	鬼笔科	散尾鬼笔属
Phallales	Phallaceae	*Lysurus*

形态特征

子实体小或中等大。最初是一个棕色的"卵"，宽约 3cm，高约 4cm；出现形成有茎和头的蘑菇。茎长 4~7cm，厚 2~4cm，呈白色，随着菌龄的增长而变成黄色至橙色，空心，截面圆形，或多或少相等。菌盖近球形，窗格状，呈橘黄色。柄为黄色，海绵质，中空，顶端开口，白色菌托。孢体暗色，有臭味。孢子呈椭圆形，无色、光滑。

生境时期

生于林中、田地上。

用途

药用。

282 五棱散尾鬼笔

Lysurus mokusin (L. f.) Fr.

鬼笔目	鬼笔科	散尾鬼笔属
Phallales	Phallaceae	*Lysurus*

形态特征

子实体一般较小，细长，呈棱柱形，一般4~5棱，高5~12cm，中空。顶部高1.5~3cm，具4~5个爪状裂片，呈红色，初期裂片相互连接在一起，后期从顶部彼此分离，靠内侧面产生暗褐色孢体黏液，具臭气味。菌柄为浅粉色至浅肉色，具4~5条纵行凹槽，松软呈海绵状。菌托为白色，苞状，初期呈卵球形，高2~4cm，基部往往有白色根状菌索。

生境时期

夏季至秋季群生。

用途

食用，药用。

283 雅致蛇头菌 *Mutinus elegans* (Mont.) E. Fisch.

鬼笔目	鬼笔科	蛇头菌属
Phallales	Phallaceae	*Mutinus*

形态特征

幼时为白色至紫色的“卵”，高 2~3.5cm，宽 1.5~2cm。表面光滑，切片后露出包裹在凝胶状物质中的臭角。成熟后，高 6~18cm，最宽处厚 1~2cm，呈圆柱形，通常先端逐渐变细，但偶尔先端更突然变细，空心。年轻时呈海绵状、颗粒状，带有皱纹，变得细小的麻点。新鲜时呈亮橙色至黄橙色。褪色为淡橙色、黄色、粉红色或近白色，或偶尔变暗至红色。先端有时在成熟时穿孔，新鲜时在顶端区域覆盖棕色至橄榄棕色孢子黏液。

生境时期

夏秋季单独或群居生长在花园、耕地或树林中。

用途

药用。

284 竹林蛇头菌 *Mutinus bambusinu* (Zoll.) E. Fisch.

鬼笔目 Phallales | 鬼笔科 Phallaceae | 蛇头菌属 *Mutinus*

形态特征

菌托为白色，呈卵圆形或近椭圆形。菌柄呈圆柱形，中空。菌盖为鲜红色，与柄无明显界限，呈圆锥状，表面近平滑或有疣状凸起。成熟子实体高 6~10cm，最宽处厚 7~12mm。在顶部达到一个相当尖锐的点，空心。表面海绵状，有斑点，呈粉红色至近白色，下面有一处宽阔的深红色区域；先端有时呈粉红色至白色，成熟时常有穿孔。

生境时期

一般在春秋两季生长。

用途

药用。

285 冬荪

Phallus dongsun T.H. Li, T. Li, Chun Y. Deng, W.Q. Deng & Zhu L. Yang

鬼笔目	鬼笔科	鬼笔属
Phallales	Phallaceae	*Phallus*

形态特征

子实体呈白色蕾球形，菌托为淡黄色苞状，菌盖为钟形，淡黄色，附着棕黑色的孢子液，带有黏性和特殊气味，孢子大小为（1.80~2.31）μm×（3.70~4.58）μm，杆状，无色。

生境时期

在夏秋两季生于林中地上的腐殖质层中。

用途

食用，药用。

286 细皱鬼笔

Phallus rugulosus (Fisch) O. Kuntze

鬼笔目 Phallales | 鬼笔科 Phallaceae | 鬼笔属 *Phallus*

形态特征

子实体中等或较大。菌盖近钟形，具网纹格，上面有灰黑色恶臭的黏液（孢体），呈浅红色至橘红色，被黏液覆盖，顶端平，呈红色，并有孔口。菌柄呈海绵状，红色，圆柱形，中空，下部渐粗，色淡至白色，而上部色深，靠近顶部为橘红色至深红色。菌托有弹性，白色。

生境时期

夏秋季在菜园、屋旁、路边、竹林等地上成群生长，多生长在腐殖质多的地方。

用途

药用。

287 杯冠瑚菌

Artomyces pyxidatus (Pers.: Fr) Jülich

红菇目 Russulales | 耳匙菌科 Auriscalpiaceae | 杯冠瑚菌属 *Artomyces*

形态特征

子实体中等至较大。子实体高 4~13cm，宽 2~10cm。分枝厚 1~5mm，光滑，起初呈白色至淡黄色，有时变暗至浅棕褐色或呈粉红色；顶端有浅凹陷和 3~6 个点，颜色像树枝或变成褐色。基部长 1~3cm，厚度小于 1cm，呈白色、粉红色或褐色，细密模糊。菌柄纤细，向上膨大，顶端杯状。菌肉为白色或色淡。孢子无色，呈椭圆形，光滑，含油球。

生境时期

7—10 月，生长在阔叶林的树干或枯枝上，喜欢腐生环境。

用途

食用。

288	猴头菌 *Hericium erinaceus* (Bull.) Pers.	红菇目 Russulales	猴头菌科 Hericiaceae	猴头菇属 *Hericium*

形态特征

伞表面长有毛茸状肉刺，长 1~3cm。子实体圆而厚，新鲜时为白色，干后由浅黄色至浅褐色。基部狭窄或略有短柄，上部膨大，直径 3.5~10cm，远远望去似金丝猴头。

生境时期

夏秋季通常单生，有时数个连生于阔叶树上。

用途

食用，药用。

289

厚壁伏革菌

Peniophora crassitunicata Boidin, Lanq. & Gilles

红菇目	隔孢伏革菌科	伏革菌属
Russulales	Peniophoraceae	*Peniophora*

形态特征

担子果一年生，平伏，紧密贴生，革质至近蜡质，成熟后会合生长长度可达 46cm，厚度可达 400μm，质地坚硬紧密，不易切片。子实体通常表面不光滑，有小凸起，有时光滑，呈灰橙色、亮棕色至棕色，通常表面会出现许多裂纹。边缘变薄陡峭，易于辨认，随着菌龄增长变得模糊，颜色与子实层相近或稍暗。担孢子呈圆柱形至近腊肠状，无色，薄壁，顶端光滑，淀粉质，不嗜蓝，大小为（5.2~7.0）μm×（2.0~3.0）μm。

生境时期

6—9 月，常生于阔叶树枯枝上。

用途

不明。

290 鲜艳乳菇

Lactarius vividus X.H. Wang, Nuytinck & Verbeken

红菇目 Russulales | 红菇科 Russulaceae | 乳菇属 *Lactarius*

形态特征

菌盖呈扁半球形至扁平下凹或中央脐状，肉色，或淡土黄色或杏黄色，有色较深的同心环带，伤后渐变为蓝绿色，光滑，湿时黏。菌肉为粉红色。

生境时期

春秋季生于针叶林中地上。

用途

食用。

291 辣味多汁乳菇

Lactifluus piperatus (L.) Roussel

红菇目	红菇科	多汁乳菇属
Russulales	Russulaceae	*Lactifluus*

形态特征

菌盖宽 5~15cm，中部下凹呈浅漏斗状，干，白色，无毛绒，无环纹。盖缘渐薄微上翘。菌肉为白色，坚脆，伤后不变色。味辣。乳汁为白色，不变色。菌褶为白色，下延。柄短而粗，高 4~6cm，直径 1~3cm。孢子呈球形、阔椭圆形，（6~7）μm×（5~6）μm，壁具微疣。

生境时期

4—6 月，常见于阔叶林、混交林中和林缘地带的阴暗环境。

用途

有毒。

292 淡橙红乳菇

Lactarius akahatsu Nobuj. Tanaka

红菇目 Russulales　红菇科 Russulaceae　乳菇属 *Lactarius*

形态特征

担子果具中生柄，通常单生或多个群生，新鲜时肉质，无嗅无味，干后碎质。菌盖幼时呈半球形。菌柄呈圆柱形，纤维质，与菌盖同色，伤后变绿，长 2.5~6cm，直径 6~20mm。菌丝呈土黄色，双核，无锁状联合。担子粗壮，每个担子顶部着生 4 个担孢子。孢子呈球形，表面有网格状凸起，含油滴。

生境时期

6—9 月，常见于阔叶林和混交林中。

用途

食用。

293	多汁乳菇 *Lactarius volemus* (Fr.) Fr.	红菇目 Russulales	红菇科 Russulaceae	乳菇属 *Lactarius*

形态特征

菌盖宽 3~15cm，起初凸起，边缘内卷，浅花瓶形，边缘均匀，光滑或略有皱纹，细腻，颜色为棕橙色或橙褐色。菌褶为乳白色，受伤后颜色变为褐色。菌柄长 5~10cm，直径 0.5~5cm，近圆柱形，表面近光滑，菌柄色同菌盖色，内部实心。孢子印为白色。孢子近球形，具小疣和网棱，（8.5~11.5）μm×（8.3~10）μm。

生境时期

夏秋季在针阔叶林中地上散生、群生或稀单生。

用途

食用。

294	香亚环乳菇 *Lactarius subzonarius* Hongo	红菇目 Russulales	红菇科 Russulaceae	乳菇属 *Lactarius*

形态特征

子实体小。菌盖初期近扁平，中部下凹，呈脐状，后渐呈漏斗状。菌柄近圆柱形，有时稍扁，表面有皱纹和白色粉末，基部为褐色有白细毛，内部空心。

生境时期

夏秋季在针阔混交林中苔藓间散生、群生或近丛生。

用途

食用。

295 毛脚乳菇

Lactarius hirtipes J.Z. Ying

红菇目 Russulales | 红菇科 Russulaceae | 乳菇属 *Lactarius*

形态特征

菌盖直径 2~4cm，呈扁半球形至平展，红褐色至橙褐色，中央下陷，无环纹。菌肉不辣。菌褶直生至延生。乳汁少，白色，不变色，味稍苦涩。菌柄长 3~8cm，直径 3~6mm，呈圆柱形或向上渐细，与菌盖同色或稍浅，基部具硬毛。担孢子（6.5~8）μm×（6~7.5）μm，近球形至宽椭圆形，近无色，有完整至不完整的网纹，淀粉质。

生境时期

夏秋季生于阔叶林中地上。

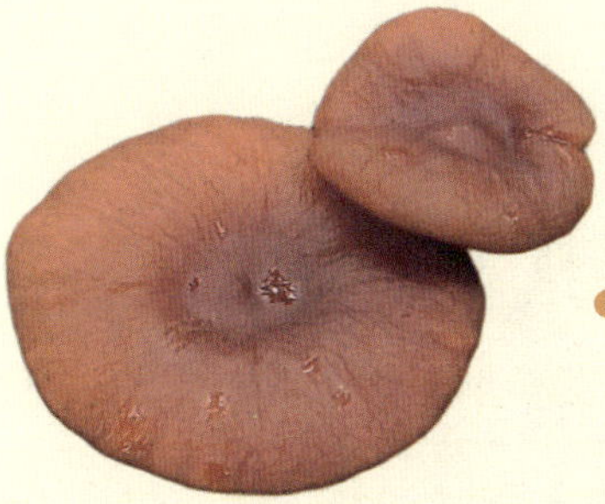

用途

有毒。

296	松乳菇 *Lactarius deliciosus* (L.) Gray	红菇目 Russulales	红菇科 Russulaceae	乳菇属 *Lactarius*

形态特征

担子果具中生柄，通常单生或多个群生，新鲜时肉质，无嗅无味，干后碎质。菌盖幼时呈半球形，中间下凹，成熟时呈中凹形。担孢子呈广椭圆形，无色，厚壁，具刺。子实体中等至大型，菌盖直径 4~10cm，呈扁半球形，中央黏状，伸展后下凹，边缘最初内卷，后平展，湿时黏，无毛，虾仁色，或胡萝卜黄色或深橙色，有或没有颜色较明显的环带，后色变淡，伤后变绿色，特别是菌盖边缘部分变绿显著。

生境时期

夏秋季常见于针叶林或针阔叶树林中，单生或散生。

用途

食用。

297 黑紫红菇

Russula atropurpurea (Krombh.) Britzelm.

红菇目 Russulales | 红菇科 Russulaceae | 红菇属 *Russula*

形态特征

子实体一般中等大。菌盖直径 4~10cm，呈半球形，后平展，最后中部下凹，湿时黏，干后光滑，呈紫红色、紫色或暗紫色，中部色更暗，边缘色浅，常常褪色，边缘薄，平滑。菌肉为白色，表皮下为淡红紫色。味道柔和，后稍辛辣。菌褶为白色，后稍带乳黄色，等长，直生，基部变窄，前端宽。菌柄长 2~8cm，直径 0.8~3cm，呈圆柱形，白色，有时中部为粉红色，基部稍带赭石色，在潮湿情况下老后变灰，中实，后中空。

生境时期

夏秋季林中地上单生或群生。

用途

食用。

298 点柄臭黄菇 *Russula senecis* S. Imai

红菇目 Russulales | 红菇科 Russulaceae | 红菇属 *Russula*

形态特征

菌盖呈污黄色至黄褐色，黏，边缘表皮常龟裂并有小疣组成的明显粗条棱似鱼鳃。菌盖直径3~9.5cm，呈扁半球形。菌肉为污白色。菌褶为污白色至淡黄褐色，直生至稍延生，褶缘色深且粗糙。菌柄呈圆柱形，具褐黑色小腺点，呈污黄色，长8~10cm，直径0.6~1.5cm。

生境时期

夏秋季于混交林地上单生或群生。

用途

有毒。

299 变绿红菇 *Russula virescens* (Schaeff.) Fr.

红菇目	红菇科	红菇属
Russulales	Russulaceae	*Russula*

形态特征

子实体中等至稍大。菌盖初呈球形，很快变为扁半球形并渐伸展，中部常稍下凹，不黏，呈浅绿色至灰绿色，表皮往往斑状龟裂，老时边缘有条纹。菌肉为白色。菌褶为白色，较密，等长，近直生或离生，具横脉。菌柄长，中实或内部松软。

生境时期

夏秋季常见于阔叶林和混交林中，单生或群生。

用途

食用。

300	大红菇 *Russula alutacea* (Pers.) Fr.	红菇目 Russulales	红菇科 Russulaceae	红菇属 *Russula*

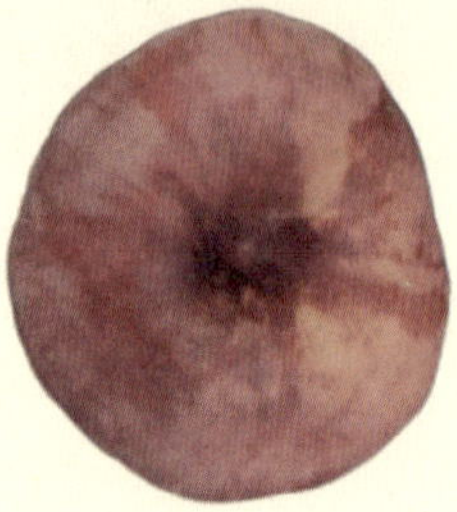

形态特征

子实体一般大型。菌盖呈扁半球形，深苋菜红色、鲜紫红色或暗紫红色。菌肉为白色。菌褶几乎等长。菌柄近圆柱形，白色。孢子印为黄色。孢子为淡黄色，近球形。

生境时期

夏秋两季雨后，生于混交林及阔叶林地上。

用途

食用。

301 烟色红菇 *Russula adusta* (Pers.) Fr.

红菇目 Russulales | 红菇科 Russulaceae | 红菇属 *Russula*

形态特征

子实体中等大。菌盖呈扁半球形。菌肉较厚，呈白色。菌褶为白色，不等长，稍密而薄，受伤时不变红色而变灰色或灰褐色，最后呈黑色。菌柄肉质，近圆柱形，中实，白色。孢子印为白色。孢子无色，近球形。

生境时期

夏秋季生于针叶林中地上，单生或群生。

用途

食用。

302	白红菇 *Russula albida* A. Blytt	红菇目 Russulales	红菇科 Russulaceae	红菇属 *Russula*

形态特征

菌盖直径2~6cm，扁平，中部稍下凹，白色，无毛，表皮黏而易撕开，边缘平滑。菌肉脆，呈白色。菌褶呈白色，不等长短，直生至弯生，有分叉。菌柄长2~6cm，直径0.5~1cm，呈圆柱形，白色，内部松软。担孢子（8~9）μm×（7~8）μm，近球形、椭圆形，近无色，有钝小刺或小瘤，淀粉质。

生境时期

6—9月，在松林或阔叶林地上群生或散生。

用途

食用。

303 臭黄红菇

Russula foetens Pers.

红菇目	红菇科	红菇属
Russulales	Russulaceae	*Russula*

形态特征

子实体中等大小，菌盖初期呈扁半球形，后期渐平展，中部稍凹陷。菌柄较粗壮，上下等粗或向下稍渐细。

生境时期

夏秋季在松林或阔叶林地上群生或散生。

用途

有毒。

304 小毒红菇 *Russula fragilis* Fr.

红菇目 Russulales | 红菇科 Russulaceae | 红菇属 *Russula*

形态特征

子实体小。菌盖呈深粉红色，老后褪色，黏，表皮易脱落，边缘具粗条棱。菌盖直径5~6cm，呈扁半球形，平展后中部下凹，边缘薄。菌肉呈白色，味苦，薄。菌褶呈白色至淡黄色，稍密，弯生，长短不一，少数分叉。菌柄呈圆柱形，长2~5cm，直径0.6~1.5cm，白色，内部松软。孢子印为白色。

生境时期

夏秋季在林中地上分散生长。

用途

有毒。

305 白菇 *Russula lactea* Barla | 红菇目 Russulales | 红菇科 Russulaceae | 红菇属 *Russula*

形态特征

子实体中等大。菌盖直径5~9cm，呈扁半球形，伸展后下凹，白色，中部略带淡黄色，不黏，无毛，边缘平滑。菌肉为白色，味道柔和，无气味。菌褶为白色，稍稀，近直生或离生，宽而厚，有分叉和少量小菌褶。菌柄长4~6cm，直径1.5~2cm，呈白色，圆柱状，内部松软。孢子印为白色。孢子无色，近球形，有小刺，(7.3~8.1)μm×(6.1~6.8)μm。无褶侧和褶缘囊体。

生境时期

夏秋季在混交林中地上单生或群生。

用途

食用，其味一般。

306	毒红菇 *Russula emetica* (Schaeff.) Pers.	红菇目 Russulales	红菇科 Russulaceae	红菇属 *Russula*

形态特征

菌盖直径5~9cm，呈扁半球形，后变平展，老时下凹，黏，光滑，呈浅粉红色至珊瑚红色，边缘色较淡。有棱纹，表皮易剥离。菌肉薄，呈白色，近表皮处为红色，味苦。菌褶等长，纯白色，较稀，凹生，褶间有横脉。菌柄呈圆柱形，(4~7.5)cm×(1~2.2)cm，白色或粉红色，内部松软。孢子印为白色。孢子无色，近球形，有小刺，(8~10)μm×(7.5~9)μm。

生境时期

夏秋季常见于阔叶林和混交林，散生或群生。

用途

有毒。

307	大白菇 *Russula delica* Fr.	红菇目 *Russulales*	红菇科 *Russulaceae*	红菇属 *Russula*

形态特征

子实体中等至较大。菌盖直径 3~14cm，初期呈扁半球形，中央脐状，伸展后下凹至漏斗形，污白色，后变为米黄色或蛋壳色，或有时具锈褐色斑点，无毛或具细绒毛，不黏，边缘初内卷后伸展，无条纹。菌肉为白色或近白色，伤后不变色。菌褶为白色或近白色，中等密，不等长，近延生，褶缘常带淡绿色。菌柄长 1~4cm，直径 1~2.5cm，内实，呈圆柱形或向下渐细，光滑或上部具微细绒毛。孢子无色，近球形，小刺显著，稍有网纹，(7.6~12.8) μm×(6.9~10.5) μm。

生境时期

夏秋季常见于阔叶林环境，尤其喜欢生长在以栎树、桦树等为主的树林中。

用途

食用，其味较好，对多种病原菌有明显抵抗作用。

308	红菇 *Russula lepida* Fr.	红菇目 Russulales	红菇科 Russulaceae	红菇属 *Russula*

形态特征

子实体一般为大型。菌盖直径 6~16cm，呈扁半球形，后平展至中下凹，菌盖表面呈深苋菜红色、鲜紫红或暗紫红色，湿时有黏性，边缘平滑或有不明显条纹。大红菇菌肉肥厚，呈白色，味道柔和。菌褶为乳白色后为淡赭黄色，直生或近延生，少数在基部有分叉，褶间有横脉，褶的前缘常常带红色，等长或几乎等长。菌柄近似圆柱形，长 3.5~3cm，直径 1.5~3.5cm，呈白色，有的上部或一侧带粉红色，也有的全部带粉红色而向下渐淡。

生境时期

主要生长于红棕壤或赤红壤坡地上，土质一般富含腐殖质，疏松，通气性和保水性都较好，且有机质丰富。

用途

食用。

309	密褶黑菇 *Russula densifolia* Secr. ex Gillet	红菇目 Russulales	红菇科 Russulaceae	红菇属 *Russula*

形态特征

菌盖初期边缘内卷，中央下凹，呈脐状，后伸展近漏斗状，光滑，呈污白色、灰色至暗褐色。菌肉较厚，呈白色，伤后变红色至黑褐色。菌褶直生或延生，分叉，不等长，窄，很密，近白色，受伤变红褐色，老后为黑褐色。菌柄为白色，伤后变红色至黑褐色，实心。

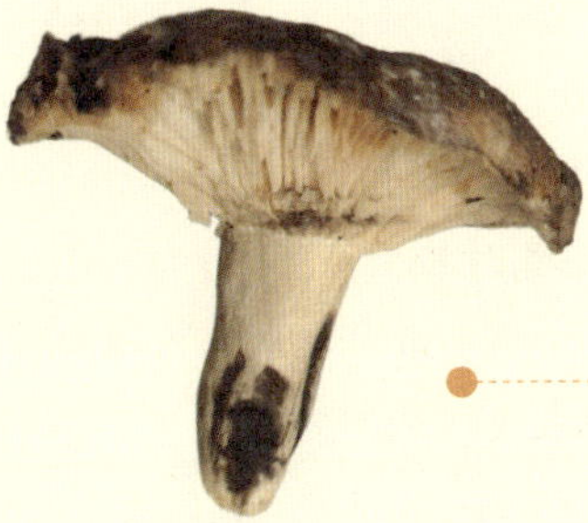

生境时期

夏秋季在阔叶林地上成群生长。

用途

有毒。

310 稀褶黑菇 *Russula nigricans* Fr.

红菇目 Russulales | 红菇科 Russulaceae | 红菇属 *Russula*

形态特征

菌肉呈污白色，受伤处开始变红色，后变黑色，菌肉较厚。菌褶宽，稀而薄，呈污白色，直生，后期近凹生，不等长，褶间有横脉。菌柄粗壮，长 3~8cm，直径 1~2.5cm，初期为污白色，后变黑褐色，孢子近球形，具疣及网纹，褶侧囊体呈棒状。

生境时期

夏秋季在阔叶林或混交林地上成群或分散成长。

用途

有毒。

311 致密红菇

Russula compacta Frost

红菇目 Russulales | 红菇科 Russulaceae | 红菇属 *Russula*

形态特征

菌盖幼时凸起，后期变平或宽凸起，中心通常略微凹陷，新鲜时黏稠；幼时呈白色至带白色或橙黄色，但很快变色为肮脏的淡黄色至红褐色，老化时完全呈现褐黄色；菌肉受伤后变红褐色。菌柄长 3~10cm，直径 1~3.5cm，光滑，发白，瘀伤呈红褐色。

生境时期

夏秋季散生或群生于针叶林中。

用途

不明。

312 变色红菇

Russula integra (L.) Fr.

红菇目	红菇科	红菇属
Russulales	Russulaceae	*Russula*

形态特征

菌盖宽 5~12cm，呈扁半球形，后平展而中凹，黏，呈红色至红褐色、紫红色或蛋壳色。盖缘薄，有条纹。菌肉为白色。菌褶直生，呈白色，褶间具横脉。菌柄近半柱形，长 3~8cm，直径 1~2.5cm，呈白色，基部偶带浅红色，中空。孢子为淡黄色，近球形至广椭圆形，(7.7~11) μm×(7~9.2) μm。

生境时期

夏秋季林中地上单生或群生。

用途

药用。

313 拟臭黄菇 *Russula laurocerasi* Melzer

红菇目 Russulales | 红菇科 Russulaceae | 红菇属 *Russula*

形态特征

子实体中等至较大。菌盖直径 3~15cm，初期呈扁半球形，后渐平展，中央下凹浅漏斗状，呈浅黄色、土黄色或污黄褐色至草黄色，表面黏滑，边缘有明显的由颗粒或疣组成的条棱。菌肉呈污白色。菌褶直生至近离生，稍密或稍稀。菌柄长 3~14cm，直径 1~2.5cm，近圆柱形，中空，表面为污白色至浅黄色或浅土黄色。孢子近球形，具刺棱，近无色，（8.5~13.5）μm×（7.5~10）μm。

生境时期

夏秋季在阔叶林和混交林中群生或单生。

用途

有毒。

314	玫瑰红菇 *Russula rosacea* (Pers.) Gray	红菇目 Russulales	红菇科 Russulaceae	红菇属 *Russula*

形态特征

子实体小或中等。菌盖直径 4~7cm，初期呈半球形至扁半球形，后渐平展中部下凹，呈玫瑰红色或近血红色或带朱红色，湿润时稍黏，边缘平滑无条棱。菌肉呈白色，稍厚。菌褶近白色，稍密，等长或不等长，近直生至稍延生，有分叉。菌柄呈圆柱形，白色带粉红色，稍有皱，长 4~7cm，直径 1.6~1.5cm，内部松软至空心。孢子印为白色。孢子无色，近球形，有小刺，(8~9) μm×(7~8) μm。

生境时期

夏秋季在针阔混交林上散生或群生。

用途

食用。

315 血红菇 *Russula sanguinea* Fr.

红菇目	红菇科	红菇属
Russulales	Russulaceae	*Russula*

形态特征

菌盖直径 3~10cm，呈扁半球形，大红色，干后带紫色。菌肉呈白色。菌褶呈白色，老后变为乳黄色。菌柄近似圆柱形，长 4~8cm，粗 1~2cm，白色，有的上部或一侧带粉红色，也有的全部带粉红色而向下渐淡。

生境时期

生长于红棕壤或赤红壤坡地上，土质一般富含腐殖质，疏松，通气性和保水性都较好，且有机质丰富。

用途

食用。

316	茶褐红菇 *Russula sororia* (Fr.) Romell	红菇目 Russulales	红菇科 Russulaceae	红菇属 *Russula*

形态特征

子实体一般中等大小。菌盖直径 3~9cm，初期呈扁半球形，后平展，中部下凹，湿时黏，无毛，表皮在盖缘处易剥离，边缘具小疣组成的棱纹，呈土黄色或土茶褐色，中部色较深。菌肉呈白色，气味明显。菌褶离生，初期为白色，后期变为浅奶油色，常具浅褐色至浅红褐色斑点，中部宽，褶幅密，褶间有横脉，不等长。菌柄长 3~6cm，直径 1~2cm，上下等粗或向下渐细，初期为白色，后期变为亮灰褐色，稍被绒毛，中部实心至中空。担孢子（6.5~7.5）μm×（5.5~6.5）μm，呈椭圆形至近球形，淡黄色，淀粉质。

生境时期

生于林地腐枝落叶层，单生或群生。

用途

有毒。

317 绒毛韧革菌 *Stereum subtomentosum* Pouzar

红菇目	韧革菌科	韧革菌属
Russulales	Stereaceae	*Stereum*

形态特征

子实体一年生，覆瓦状叠生，革质。菌盖呈匙形、扇形、半圆形或近圆形，外伸可达 5cm，宽可达 7cm，基部厚可达 1mm。表面基部呈灰色至黑褐色，被黄褐色绒毛，具明显的同心环带。边缘锐，颜色稍浅，波状，干后内卷。子实层体呈土黄色至浅褐色，光滑，新鲜时触摸后变为黄褐色。菌肉为浅黄褐色，厚可达 1mm，绒毛层与菌肉层之间具一深褐色环带。担孢子（5.3~7）μm×（2~3）μm，呈长椭圆形至圆柱形，无色，薄壁，光滑，淀粉质，不嗜蓝。

生境时期

6—9 月，生长在针叶林或阔叶林的枯枝上。

用途

药用。

318 扁韧革菌 *Stereum ostrea* (Blume & T. Nees) Fr.

红菇目 Russulales | 韧革菌科 Stereaceae | 韧革菌属 *Stereum*

形态特征

子实体小至中等大。菌盖无柄或有时具短柄，呈半圆形或扇形，菌盖（1.5~7.5）cm×（2~12）cm，薄，叠生覆瓦状，往往相互连接，干时向下卷曲，有蛋壳色至浅茶褐色短绒毛，渐褪色为烟灰色，同心轮纹明显，子实层面平滑，呈浅肉色至藕色，剖面厚 500~750μm，包括子实层、中间层及紧密呈褐色的边缘带。菌盖边缘有绒毛，直径 5~7μm。子实层有囊体和刚毛体。孢子呈椭圆形或卵圆形，平滑，无色，（5~6.5）μm×（2~3.5）μm。

生境时期

在阔叶树枯立木、倒木和木桩上大量生长。

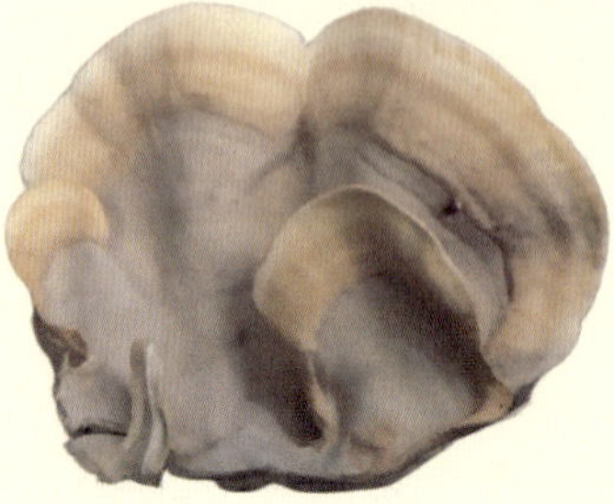

用途

药用。含纤维素分解酶，应用于食品加工等。

319 干巴菌

Thelephora ganbajun M. Zang

革菌目	革菌科	革菌属
Thelephorales	Thelephoraceae	*Thelephora*

形态特征

子实体一年生，丛生，珊瑚状，多分枝，分枝叶片为扇形，边缘波状，呈灰白色、灰色至灰黑色，具环纹，高可达14cm，宽可达12cm，新鲜时轻革质。子实层体光滑，呈灰色，边缘颜色渐浅。担孢子（9~13）μm×（7~9）μm，呈椭圆形，浅褐色，厚壁，具疣突。

生境时期

夏秋季生于松林中地上。

用途

食用。

320	鹿胶角菌 *Calocera viscosa* (Pers.) Bory	花耳目 Dacrymycetales	花耳科 Dacrymycetaceae	胶角菌属 *Calocera*

形态特征

子实体小，下部偏圆，上部有二叉状至三叉状分枝，似鹿角，高 4~8cm，直径 0.3~0.6cm，胶质黏，平滑，干后软骨质，色橙黄而鲜艳，往往顶部色深。子实层生于表面。担子呈叉状，淡黄色。孢子光滑，呈椭圆形或肾形，稍弯曲，后期形成一横隔，呈浅黄色，(8~127) μm×(3.8~5.1) μm。

生境时期

夏秋季在云杉、冷杉等针叶树倒腐木或木桩上成丛或成簇生长，基部往往伸入树皮和木材裂缝间。

用途

食用。

321 匙盖假花耳

Dacryopinax spathularia (Schwein.) G.W. Martin

花耳目	花耳科	假花耳属
Dacrymycetales	Dacrymycetaceae	*Dacryopinax*

形态特征

担子果群生至丛生，呈黄色至橙黄色，胶质，分化为菌柄和菌盖，菌盖呈匙状，干后呈黄褐色或红褐色，不育面及菌柄表面被有白色绒毛，自菌柄基部向上渐稀，全体高 6~12mm。子实层单侧生，表面常具纵皱。菌丝具隔，薄壁，无锁状联合。

生境时期

在针叶树或阔叶树朽木上生。

用途

食用，被商业化种植以生产长链糖脂，用作软饮料中的天然防腐剂。

322 胶杯耳

Femsjonia peziziformis (Lév.) P. Karst.

花耳目 Dacrymycetales | 花耳科 Dacrymycetaceae | 胶杯耳属 *Femsjonia*

形态特征

担子果为群生，硬胶质。生子实层面呈黄色、橘黄色，干后呈红褐色或深黄褐色，不育面被有白色绒毛；初为多泡状凸起，后呈倒圆锥状或盘状，直径 1~5mm，其短柄或无，全体高 2~5mm。菌丝具隔，厚壁，光滑或粗糙，具锁状联合，直径 4~7.5μm。不育面的皮层菌丝近栅栏状排列，呈圆柱状，厚壁，具锁状联合，少分枝。原担子呈圆柱状、棒状，基部具锁状联合，（50~75）μm×（4~7.5）μm，成熟后叉状。担孢子呈弯圆柱状、弯椭圆形，薄壁或稍厚壁。

生境时期

多生于阔叶树或针叶树朽木上。

用途

不明。

323	银耳 *Tremella fuciformis* Berk.	银耳目 Tremellales	银耳科 Tremellaceae	银耳属 *Tremella*

形态特征

由 10 余片薄而多皱褶的扁平形瓣片组成，子实体呈纯白色至乳白色，一般呈菊花状或鸡冠状；干后收缩，角质，硬而脆，呈白色或米黄色；子实层生瓣片表面，担子近球形或近卵圆形。

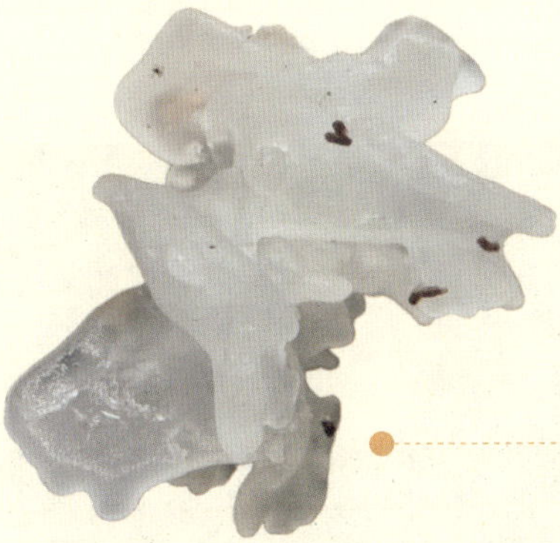

生境时期

夏秋季生于阔叶树腐木上。

用途

食用。

324 橙黄银耳

Tremella lutescens Pers.

银耳目 Tremellales | 银耳科 Tremellaceae | 银耳属 *Tremella*

形态特征

子实体一般较小。鲜时呈橘黄色或橙黄色，干时带橙红色，由许多厚而呈脑状或曲折的瓣片组成，直径 1~6cm，高 1~2.5cm，有的呈条状生长。直径可达 10cm 以上。菌丝呈浅黄色具锁状联合，直径 2.5~4μm。担子呈卵圆形至椭圆形，（12~23）μm×（8~18）μm，小梗细长，50~100μm，上部膨大。孢子呈椭圆形，无色或浅黄色，含小油滴，（7.6~15）μm×（7~12）μm。

生境时期

夏秋季节主要生于栎等阔叶树腐木上。

用途

食用，药用。

粘菌门

Myxomycota

325	粉瘤菌 *Lycogala epidendrum* (J.C. Buxb. ex L.) Fr.	无丝目 Liceida	线膜科 Reticulariaceae	粉瘤菌属 *Lycogala*

形态特征

子实体甚小，呈近球形、扁圆形的复孢囊，常密集或散生，无柄，直径0.2~1.5cm，呈粉红灰色或后变至黄褐色、青褐色、灰褐色或颜色更深，包被薄而脆，有疣状颗粒，常从顶部破裂，内部粉末状，色浅。假孢丝长，分枝，壁薄，有明显的环状皱褶，半透明或淡黄色，呈管状，顶端钝圆或棍棒状。

生境时期

春季至秋季生于阔叶树腐木上，生长在潮湿环境。

用途

不明。

326 煤绒菌

Fuligo septica (L.) F.H. Wigg.

绒泡菌目 Physarales | 绒泡菌科 Physaridae | 煤绒粘菌属 *Fuligo*

形态特征

子囊果小。复囊体呈堆垫状，宽 1.5~3cm 或更大，厚 1~3cm，颜色多样，有白、赭、绿、粉红、暗红褐、黄紫等色。皮层有石灰质，较厚而脆，易分离。孢丝无色，纤细，与淡黄色的石灰团相连接，孢子呈堆灰黑色。

生境时期

春季至秋季生于腐木、植物体、垃圾上等。

用途

不明。

327 发网菌

Stemonitis fusca Roth

发网菌目	发网菌科	拟发网菌属
Stemonitida	Stemonitidaceae	*Stemonitis*

形态特征

囊果微小。孢囊紧密丛生在一起，呈圆柱形，有柄，呈暗褐色，全高 10~30mm。菌柄呈黑色，具光泽，长 3~6mm。孢囊基发达。囊轴几达孢囊顶尖。孢丝交织形成表面网。网眼形状多样，角圆，宽 15~70μm。孢子呈浅灰紫色，直径约 8μm，具有细微的小疣。原生质团呈浅黄白色。

生境时期

春季至秋季生于腐木、落叶堆、土壤表面等。

用途

用于木材分解。

科研人员在波尔登森林公园采样前分发蚊香

郜晓峰（左），鲁铁（右）在波尔登森林公园采集标本

科研人员在波尔登森林公园、震雷山、南湾湖采集标本

科研人员向路人科普大型真菌

采集标本收纳

科研人员对标本进行归纳整理

科研人员在分离菌种

科研人员在野外进行拍摄

科研人员在波尔登森林公园合影

科研人员在进行分子生物学实验及检测